東京は世界最悪の災害危険都市

日本の主要都市の自然災害リスク

水谷武司

東信堂

まえがき

　東京、横浜、名古屋、大阪など日本の大都市の自然災害リスクは巨大である。世界との比較のために大都市圏の単位でみると、東京圏の自然災害リスクは世界のいかなる大都市圏よりもはるかに大きい。ヨーロッパの大陸内大都市圏に比べると、その大きさは 100 倍以上にもなる。大阪圏の自然災害リスクも非常に大きくて、東京圏に次ぎ世界で 2 番目である。

　自然災害リスクがこのように大きいのは、日本の大都市の大部分が、災害の危険が非常に大きい土地、すなわち地盤軟弱で海面近い標高の大河川デルタや海岸低地に、高密度市街を展開させているためである。地震帯・台風来襲地帯に位置する島国日本では、地震や大雨などの自然異変を避けることはできないが、それにより引き起こされ被害をもたらす直接の力となる洪水・高潮・津波などの災害事変を回避することはできる。少なくともその被害・影響を大きく低減させることは可能である。

　世界最悪の危険都市・東京の東部市街は、荒川・江戸川の河口部低地に展開している。低地中央には広いゼロメートル地帯があり、高潮・洪水・津波の危険が非常に大きい。ここはまた軟弱な沖積層が厚いので、地震の揺れが大きく増幅される。関東大震災ではこの低地で震度 7 の揺れが生じ、下町はほぼ全滅の大被害を受けた。一方、東京山の手地区がある台地面は、河川や海岸の低地よりも一段と高いので、洪水・高潮・津波の危険が及ぶおそれはなく、また、表面の起伏は小さいので土砂災害はほとんど起こりようがない。台地の地層はよく締っているので、地震の揺れは沖積低地に比べかなり小さくなる。関東大震災のとき山の手台地での震度は 5 強程度で、東部の低地に比べ住家全壊率が 2 桁も小さかった。

　関東平野には台地が広く分布する。この関東の地に封ぜられた徳川家康が、土地条件劣悪な荒川河口部低地に面する武蔵野台地端にではなく、せめても多摩川沿いの台地端に江戸城を築いていたとしたら、東京の自然災害リスクはかなり小さくなっていたはずである。日本は狭いものの国土全体でみれば、安全な土地は十分に広い。

日本列島は地震帯・火山帯・台風来襲域・多雨地帯に位置する。このように多くの危険条件が重なるのは、地球上のきわめて限られた地域だけである。したがって日本では、これら災害誘因の作用を可能な限り避けるために、より安全な土地を選定して都市などを立地させることが、地域の安全をはかる基本になる。すでに危険な土地に立地している既存市街地については、移転・移設はまったく容易ではないので、建物・施設の耐用年数が過ぎる数十年〜100年先を見通した国土土地利用計画によって、より安全な立地の実現にむけ長期的に誘導していくことが求められる。これは地方振興にも大きく寄与する。

現行の防災対策は、防災構造物の建造、建物の耐災害性強化、予報・警報と避難の体制などが中心となっているが、これらがリスク低減の機能をもつとは限らないし、また、危険のとくに大きい地域・地区では災害防止効果はあまり期待できない。それにもかかわらず低成長時代を迎え目先の経済効率を優先しようとする風潮は、危険な居住・土地利用を一層助長している。日本の総人口は減少の方向に転じたが、これは都市への人口集中を一層激しくする可能性がある。

したがって、土地利用の制御などによる自然災害リスク軽減の長期的対策は、東京はもちろんのこととして、他の大都市などにおいても急務であると考える。ただし日本の政治・行政の現状では、これを待っていたら次の災害がやってきてしまう。せめても意識ある企業や個人が建替えなどの機会を利用して、個々に危険地脱出を図るのが、一つの現実的な自衛的対応策と考える。このための意識啓発を目的の一つとして、本書を著した次第である。

本書の出版につき大変お世話になった東信堂下田勝司社長にお礼申し上げる。

2017 年 12 月

水谷武司

iii

目　次／東京は世界最悪の災害危険都市

まえがき……………………………………………………………… i

第1章　序論―本書の主旨 ……………………………………… 3

第2章　世界と日本の都市の自然災害リスク ………………… II

    2.1　評価の方法　(12)
    2.2　災害リスク指数　(17)
    2.3　高危険都市　(20)

第3章　東京の土地環境と災害危険性 ………………………… 23

    3.1　東京低地の形成　(23)
    3.2　地形・地盤条件　(26)
    3.3　自然災害と土地条件　(28)
    3.4　都市拡大の経過　(38)
    3.5　東京の高リスクへの対応　(41)

第4章　国土の災害自然環境 …………………………………… 47

    4.1　災害誘因　(47)
    4.2　土地素因　(52)
    4.3　都市立地の土地条件　(56)

第5章　主要都市の土地環境と自然災害リスク ……………… 59

    5.1　大阪　(59)
    5.2　横浜　(68)
    5.3　名古屋　(77)
    5.4　神戸　(90)
    5.5　広島　(98)

5.6 高知 （108）

5.7 長崎 （117）

5.8 静岡 （123）

第6章 災害リスク低減策 ……………………………………… 133

6.1 防災対策の体系 （133）

6.2 ハード対策・避難対応 （136）

6.3 防災土地利用管理 （144）

6.4 移転・移設 （150）

主要参考文献 ……………………………………………………… 153

索 引 ……………………………………………………………… 155

東京は世界最悪の災害危険都市
―日本の主要都市の自然災害リスク

第1章 序論―本書の主旨

　東京は人口という指標でみると世界最大規模の都市だ。東京大都市圏の人口がおよそ3,400万人という数値も示されているが、これはニューヨーク・ジャカルタ・メキシコシティなど世界の巨大都市圏に比べ1.5倍以上という大きさだ。人口が多いのは決して良いことではないが、もっと悪い面で世界最大の指標がある。それは地震・洪水・高潮など自然災害のリスクだ。評価方法によりかなり違ってはくるが、市域の自然環境に基づくかぎり東京圏の自然災害リスク指数が、アジアにある最高リスク大都市圏を大きく上回り、ヨーロッパ大陸内に位置する主要首都圏の100倍以上と評価されるのに変わりはないであろう（図1）。大阪圏の災害リスクも巨大で

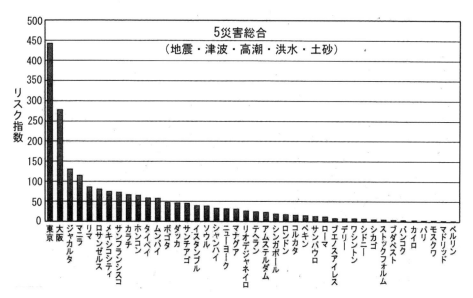

図1　世界の主要都市の自然災害リスク指数

あって、土地環境からみれば東京よりも悪い条件下にある。なおここで示すリスク指数とは、ある期間に生じる可能性のある最大被害規模を表す相対値であって、確率的な値だ。

　東京の自然災害リスクがこのように巨大である理由は、日本列島が沈み込みプレート境界にあり大規模地震が頻発する、大洋の西岸（大陸東岸）に位置するので強い熱帯低気圧（台風）が来襲する、中緯度多雨地帯にあり大雨の頻度が大きい、などの外力（災害誘因）の条件と、東京が軟弱沖積層の厚い沿岸デルタ・大河川の河岸低地・南に開く湾奥のゼロメートル地帯であることなど、地震・洪水・高潮の危険がきわめて大きい地形・地盤の場に、高密度市街を展開させているという土地条件・社会環境とが重なっているためだ。大阪では活動度の高い活断層が市街を貫いて走るという、きわめて危険な条件が加わる。

　日本にいるかぎり前者の誘因条件はほぼ避けようがないが、後者の土地条件は選択可能であって、誘因条件が最悪であるからには、立地の土地条件を可能なかぎり最善にするのは必須のことだ。防災の施設・構造物などで防ごうとしても、悪い土地条件の場ではその機能・効果に大きな限界があり、また、その設置は一般に災害のリスクを大きくする。国土が狭いとはいっても、より安全である台地や内陸にある比較的高位の低地に都市を展開させる余地は十分にある、とくにかつては明らかにあったはずだ。

　しかし、東京の場合には、徳川の江戸入府以来たびたび起こった大災害の後の復興過程において、危険地の利用が抑制されたような形跡はほぼ認められず、一貫して危険な低地・沿岸地・埋立地に市街がスプロールを続けてきた。すでに広大なゼロメートル地帯があることが明らかになっていたにも拘らず、戦後の高度成長期にもそれは著しく進行しており、再来がほぼ必然な大災害による巨額な将来コストを無視した目先の経済性の追求を、社会全体がこぞって進めてきた。これは原発利用推進にも共通している事態だ。

　集積の利益を求めて人々は集まり住み経済活動を行う結果として、大きな都市ができあがるのは自然の成り行きだ。問題はどのような土地条件の場にそれを集積させるかなのだ。繰り返し大災害を被っているような危険

な土地への立地は、集積のメリットをいつかは帳消しにし、それを上回るデメリットをもたらす。大きな災害は50年・100年といった間隔で起こる低頻度の現象なので、将来被害がコストやデメリットとして受け入れられ難くて危険地の利用が行われるのが通常だが、ひとたび市街が形成されると、人の世代は代わってもそれは永続するので、何度も再被災を繰り返すことになる。三陸リアス海岸がその典型だ。

　この賽の河原的な負の循環から脱却するためには、長期的に危険地利用の抑制と他地域への分散を誘導する都市計画・国土計画が必要とされる。既存の市街を移し変えるのは全く容易ではないから、社会全体の合意の下に100年先を見据えた継続的取り組みが求められる。移転・移設など非現実的とされるほどに都市集積を進めておいて、危険だからハード対策や災害時緊急対応に依存しようというのでは災害は無くならない。計画とは将来の予測に基づくものをいうが、危険予測という基本前提を欠いている都市計画は、計画の名に値しない。

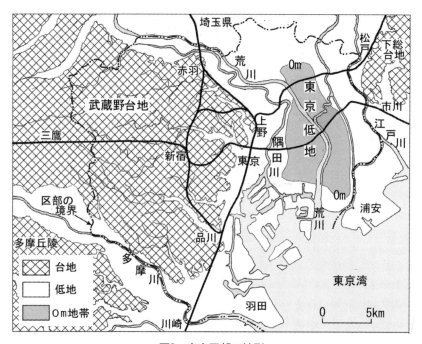

図2　東京区部の地形

広大なゼロメートル地帯が拡がる荒川・江戸川下流部の三角州性低地は、地震・津波・高潮・洪水の危険が最大の土地である（図2）。この東京下町低地の利用を抑え、周囲に広く分布する武蔵野台地・下総台地に市街を展開させていたとしたら、東京区部のリスクは5分の1程度になると算定される。すこし北方の関東平野内陸に立地すればリスクはさらに小さくなる。高い台地上では津波・高潮・河川洪水の危険はないし地震の揺れも小さいので、このような台地が広く分布する関東平野では、大都市のより安全な立地が可能なのである。

途上国の大都市では、スラムが土地条件の悪い地区に拡大して人的被害を大きくする要因になってはいるが、海岸低地へのスプロールは限られている。東京下町低地は面積が約250km²（ジャカルタの1/5）と広いものではないが、ここの災害リスクは世界のどの巨大都市圏よりも大であり、防災面からみればいわば巨大なスラムとしかいいようがない。この国は防災先進国を誇っているようだが（根拠は薄弱）、防災土地利用からみれば後進国以下のレベルだ。このことは東日本大震災の津波災害においても再度示された。現在直面している復興の困難は、著しい危険地に都市・集落が立地していて原地復帰ができないことに根源がある。地震動は避け得ないのに対し、津波は土地条件選定により避けることのできる現象なのだ。

発生がきわめて不確定であり強大な破壊力をもつという自然の事変に対しては、ハードな手段による力づくでの対抗は効果がきわめて限定的であり、危険から遠ざかる、危険地を避けるなどの回避方策により災害脆弱性を極力低減させる対応が基本になる。防災の現状はなぜか避難が中心となっているが、これは人命への危険だけを一時的に回避しようとする限定的・消極的対応なのだ。明らかな高危険地においては、住居・施設ごとの"避難"、つまり移転・移設による危険の抜本的解消が基本でなければならない。人の避難はその実現までの過渡的対応に位置づけられるものだ。都市機能・経済活動・人口などの地方分散は、国土の効率的利用および地方振興・過疎対策の面でも望ましいことだ。しかし現実は全く逆で、目先の経済性を優先し、耐震などの技術を過信して、東京一極集中をさらに進め、災害リスクを超巨大なものにする企てが依然として進行している。

わかりやすい例を示そう。最近巨大なタワーが建造され連日多数の人を集めているが、ここは軟弱沖積層の厚いゼロメートル低地で、関東大震災のとき震度7の強震動が生じて多数の建物が倒壊し、次いで全面焼失したことで数万という大量死者がでた地区の真っ只中にある。たとえタワー本体の耐震性が設計上は高くしてあるとしても、大きな振幅の揺れは必ず生じ、周辺の施設は破壊され交通・通信路は断たれ、このタワーが集めた多数の人々を危険に陥れる。なお耐震技術については、建物が高いほど周期の長い震動に共振するということは力学の初等知識であるにも拘らず、超高層建物を林立させてから新しい事実のように長周期震動を問題にしているという不可思議な現実がある。

また、4年に1回のスポーツイベントを招致し各種競技施設・関連施設を、こともあろうに土地条件劣悪・社会環境脆弱な湾岸地区を中心に建設するという企てがなされており、防災面からはおよそ考えられないような事態だ。誘致するのはよいとしても、なぜ他都市で開催できるよう努力しないのだろうか。多数の人を集め、以後も集め続ける施設の新設はこの東京を避けて行われねばならない。都内の他地区においても、再開発なるものによってさらに施設・構造物を建造し多数の人を引き寄せようとしている。

かつて防災観点からの首都機能などの移転が真面目に議論されたこともあったようだが（形式的には引き続き検討中）、現在はそのような気配は全く消え、逆に都心回帰といわれる人口集中が進行し、災害リスクをさらに増大させている。首都直下地震による想定被害が100兆円を超えるといったような試算が示されていても、自治体や公的組織はこのようなマイナス面からはことさら目をそむけようと懸命に努力しているようだ。東京を世界一の都市にすると都の首長が宣言したことがあるが、すでに世界一である自然災害リスクを小さくすることが、まず取り組むべきことであろう。

都市・地域を運営する自治体や公的組織に、施設・機能の分散などを求めるのは本来的に矛盾したことだろう。当然ながら自治体の防災対策に安全な立地・土地利用の観点はない。そこで期待したいことの一つは、経済性・採算性を基本原理として行動するはずの企業や民間組織の自己防衛だ。東京に立地することで被る予想被害（巨額になる将来コスト）は採算性を著

しく悪化させ、脱出・移設・再立地を有利なものにする。これはまた居住人口・昼間流入人口を減少させて人的被害ポテンシャルを低下させる。かなりの人は就業場所だからやむなく東京で働いているのであって、できれば東京から離れたい、帰宅困難者などにはなりたくないと思っているだろう。住民個々人も建替えなどの機会を利用して、災害で資産価値が低下する前に売り抜け脱出をはかるのは得策なはずだ。短期的な経済性や目先の利便性にとらわれず、さらなるモノ・カネの投入は抑え積極的分散をはかることは、大阪など日本の他の巨大都市においても必要なことである。日本の総人口は今後減少に向かうが、地方の深刻な過疎化などは人口の都市集中を一層進めると考えられているからだ。

　自然の事変は不確定性の大きい現象である。大地震や大高潮が起こるのは50年先かもしれないが、明日であっても不思議ではない。想定される東海地震は、平均再来期間（120年）に達しいつ起こってもおかしくないと言われてから40年近く経過したが、発生はまだだ。浜岡の稼働待ち原発3基は、東海地震の危険が提起されて10年も経ってから着工されたものだ（こともあろうに想定震源域内の海岸低地に）。移設・再配置など危険性の抜本的解消対策は、40年もあればかなり実現できるはずだ。被害防止の緊急対策はもちろん必要だが、それと平行して危険性・脆弱性低減の恒久対策も進めることはさらなる重要性をもつ。

　台地面上では津波・高潮はもちろん河川洪水・土砂の危険もほとんどないことがよく示すように、土地条件は自然災害の危険度を決める主要因だ。土地条件に応じたより安全な土地利用を実現することは全く容易ではないが、それだからこそ経済的誘導や法的規制などにより長期的な見通しの下で進める必要がある。国・地方自治体にこれを求めたいが、それを待っていたら次の災害がやってきてしまう。被災後の組織的・集団的な移転がいかに困難であるかは東日本大震災でもよく示されていることだ。せめても意識の高い個々の組織・企業・個人などが、それぞれ安全な土地を求め地方に分散移動して、安全・安心をより確かにすることが、期待可能な現実的リスク低減策だろう（効果は小さいが）。防災的に望ましい土地利用の実現のためには、明らかな高危険地の利用に伴う対策費用や被害を、その利

用がもたらす便益を得るための必要コストとして利用者・残留者自らが負担するのを原則にして、リスクを明確に認識させ、災害が起こる前にその回避対応策を選択させるという手順が必要である。

この序論では、本書で示したいことの骨子を、本文に先立ってかなり詳細に述べた。次にこれらの主張の論拠として、世界と日本の都市の自然災害リスク評価、土地環境を中心とした東京・大阪など主要都市の災害危険性、災害誘因・土地素因による自然災害の地域性、リスクの回避・低減の効果的対応策としての防災土地利用管理の意義・重要性などについて述べる。

11

第2章　世界と日本の都市の自然災害リスク

　世界および日本の主要都市100について、概略の自然災害リスク指数
（Disaster Risk Index）を算定した。東京など日本の大都市の自然災害リスクが
どれほど巨大であるか、立地の土地条件がいかに悪いかを、世界との比較
でリアルに示すのが主な目的である。

　世界の都市のリスク指数については、2002年にミュンヘン再保険会社
が示したものがよく知られているが（**表1**）、この算定方法は不明であり、
また、その指数に地域の災害環境条件を反映していないのが明らかな都市
が多くみられる。そこで、各都市域の地形・地盤などの土地条件に重点を

表1　ミュンヘン再保険会社による都市災害リスク指数

	災害発生危険性指数 （　）：東京との比	総指数 （　）：東京との比
東京	262（1/1）	710（1/1）
サンフランシスコ	62（1/4）	167（1/4）
ロサンゼルス	17（1/15）	100（1/7）
ニューヨーク	1.9（1/138）	42（1/17）
メキシコシティ	2.1（1/125）	19（1/37）
リオデジャネイロ	0.2（1/1310）	1.8（1/394）
ロンドン	2.1（1/125）	30（1/24）
パリ	1.8（1/146）	25（1/28）
ベルリン	0.1（1/2620）	1.8（1/394）
マドリッド	0.1（1/2620）	1.5（1/473）
モスクワ	0.6（1/437）	11（1/65）
イスタンブル	1.2（1/218）	4.8（1/148）
デリー	0.2（1/1310）	1.5（1/473）
ダッカ	2.5（1/105）	7.3（1/97）
ジャカルタ	0.5（1/524）	3.6（1/197）
ホンコン	10.3（1/25）	41（1/17）
ペキン	3.3（1/79）	15（1/47）

おいた基準を与えて、独自の評価作業を行った。

　リスク評価の結果は、どのようなリスク量を、いかなるデータを使用し、どの方法・手順で求めるかに依存するので、単純な相互比較はできない。ここにおける評価では可能最大規模の被害量（Maximum Damage Potential）に相当する相対値を求めており、都市圏の規模が直接的に反映したものになっている。

　まず最初に評価の方法をやや詳しく述べるが、これは評価結果の信頼性や限界を明示するためであって、確かにある一定の基準に従っている、ということを一覧して納得していただくだけでも十分である。算定方法が示されない都市リスク評価が、現在いくつも流布していることへの批判の意味あいもある。

2.1　評価の方法

(a) 評価したリスク量

　都市中心市街が展開する地域の土地素因（地形・地盤など）の場に、地震・大雨などの災害誘因が、一定期間にその地域で起こり得る最大の強度で作用した場合に、対象市街域の全域で生じる可能性のある最大規模の人的・物的被害の総量に相当する値を求め、この相対値をリスク指数とした。洪水・津波など災害諸事象の規模・強度とその作用域の面積（人口・資産の大きさを反映）との積で表現しており、都市が立地する各地形・地盤域の面積の大きさが関係している。各種防災対策の進展の程度など地域の災害抵抗性のレベルについてはほとんど評価に含めていない。災害の危険が小さければ対策をとる必要性も当然に低くなるといったように、危険度と密接に関係しているからである。

(b) 対象災害

　強震動災害、津波災害、河川洪水災害、高潮災害、土砂災害の5災害を対象とし、それぞれについて個別に評価を行い、次いでその結果を総合化した。地震火災は建物倒壊規模に関係するので、強震動災害のところで考

慮に入れた。火山災害のリスクについては、広域に影響を与える大噴火の降灰は対象外とし、泥流についてのみ土砂災害のところで評価に取り入れた。地域性が捉えがたい強風災害は対象外としたが、北米中央部のトルネードに関しては該当都市の評価点にいくらかの加算をした。

⒞ 対象都市

日本については、県庁所在都市のほぼ総ておよび人口の多い都市の計55都市を選んだ。中心市街域は20万分の1地勢図により区画し、その地形・地盤条件を判定・区分し、地図処理ソフトにより各面積を測定した。市街地内での人口・施設等の分布密度の違いは無視している。

世界については、巨大都市および主要首都の計45を選び、全世界をカバーする100万分の1航空地図（米運輸省）およびGoogle Earthの画像を使用して、密集市街域を区画した。したがって、行政単位ではない連続市街化域という大都市圏を対象にしている。これに合わせて日本では、東京大都市圏および大阪大都市圏という隣接都市も含めた連続市街化域を対象とした。その面積については、人口・建物密度の国・地域による大きな地域差を反映させるために、都市人口密度の値に基づき、欧州・日本の都市を基準1.0として、米国0.5、アフリカ・アジア1.5〜4.0などの補正値を与え、これを実面積に乗じて、人口・建物密度の違いを補正した。

⒟ 災害誘因の強度ランク

地震：日本については、50年超過確率10％に対応する工学的基盤上の最大速度の分布図（図3）を、世界については、50年超過確率のメルカリ震度階を示す図（図4）および最大加速度分布図（Hyndman, 2007）を使用して、各地域の地震外力強度値を求め、ついで震度・加速度・速度と建物全壊率との関係に基づいて危険度の評価点数づけをした。たとえば、震度6強は全壊率がほぼ10％なので10、震度5弱は全壊率0.1％として0.1の評価点数とした。日干しレンガ造りなど耐震性の非常に劣る建物の多い乾燥地帯の都市や途上国の都市については、さらにこれらの2倍とした。

大雨：日本については、大雨頻度および100年確率雨量（図5）をそれぞ

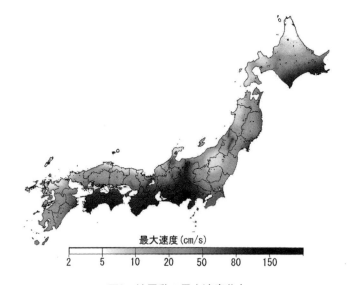

図3 地震動の最大速度分布
(50年超過確率10％に対応する深部基盤での最大速度)
(防災科学技術研究所, 2005)

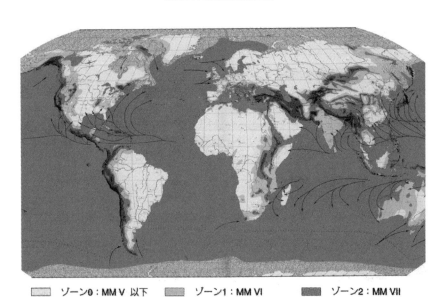

ゾーン0：MM V 以下　　ゾーン1：MM VI　　ゾーン2：MM VII
ゾーン3：MM VIII　　ゾーン4：MM IX 以上

図4 50年超過確率のメルカリ震度階
メルカリ震度階は12階級区分(ミュンヘン再保険会社, 2002)

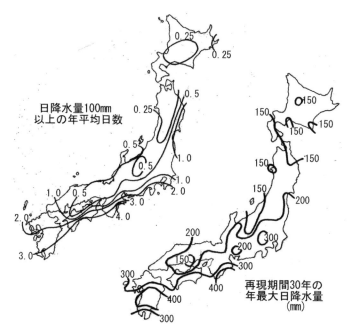

図5 大雨頻度および確率雨量の分布
確率雨量は気象庁の日本気象表1980年版による

れランク分けし、各都市についてのそれらの値を加算し、次いで水害発生限界雨量の地域差を反映させるために、年平均降水量の逆数で示す補正値をこれに掛け合わせた。各地域の水害発生の限界雨量が年平均降水量にほぼ対応する地域差を示すことに、これは基づいている。世界については、各都市の年平均降水量を全地球平均降水量の 1000mm で割った値を相対的な大雨外力強度とした。全世界で同一精度のデータが得難いので、年平均降水量が大雨の頻度・強度に関わる量であると単純化した。

(e) 土地素因の危険度評価点

　地形の判定：国土地理院の 50m メッシュ標高データおよび米国地質調査所提供のスペースシャトル標高データを使用し、地図処理ソフト(カシミール)により等高線図を描いて地形・地盤を判定し、また、地形・地盤種別ごとおよび一定海抜高域(標高 5m 以下など)の面積を測定した。

地震：地形・地盤条件による地震動の強さ（震度）の違いを、過去の地震記録から求め、さらに震度と住家全壊率との関係を使用して、各地形の危険度ランクを図6のように与えた。たとえば、潟起源低地・干拓地は最大の 10、砂礫台地は 1、山地は最小の 0.1 などである。これと同じように対象とした 5 災害総てについて、10 ～ 0.1 と 2 桁差の評価点数づけを行っている（図省略）。ついで地形・地盤ごとの面積にこれらの値を掛けて加算し、地震動災害に関わる土地素因評価点とした。予想被害の総量で示すので市街地面積と掛け合わせるという方法を採っている。

津波：沈み込みプレート境界に直面する海域、直面しない内湾、地震活動のない海域など、地理的位置による津波頻度・強度の相対値を示す値を、津波災害の記録に基づいて 10 ～ 0.1 と 2 桁差の値で与え、海抜 5m 以下あるいは 10m 以下の海岸低地の面積に掛け合わせて、素因評価点とした。

河川洪水：人的被害や建物損壊被害には洪水の流体力（水深の 2 乗と地形勾配との積に比例）の大きさが強く関係する。過去の水害のデータに基づく地形種別と流体力および人・建物被害との関係により、各地形についての危険度評価点数を与えた。たとえば、山地内にある勾配大の谷底低地では

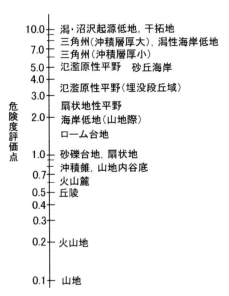

図6　地形条件による地震危険度評価点づけ

危険度最大の 10、大河川の氾濫原 5、小河川の氾濫原 1、台地上での湛水
では危険度最小の 0.1 などである。洪水に関わる素因評価点は、地形ごと
の危険度ランクと面積とを掛け合わせ、それらの加算値で表した。

高潮：熱帯低気圧（ハリケーン・台風・サイクロン）および発達した寒帯低
気圧の来襲する海岸域および潮位増幅に関わる海岸地形などにより、高潮
危険度ランクを 10 〜 0.1 の 2 桁差の値で与えた。その到達危険域は海抜
5m 以下あるいは 3m 以下で海岸線からほぼ 10km 以内とした。

土砂災害：山地・丘陵地・台地の別、起伏の大きさ、谷の発達の程度、
山麓の地形勾配などにより危険度ランクを与えた。たとえば、大起伏花崗
岩山地内 10、丘陵地縁辺 1、台地 0.1 などである。多くが土砂災害の範疇
にはいる火山災害のリスクは、対象とした都市では非常に小さいので省略
し、比較的遠くまで到達する泥流についてのみここで評価に取り入れた。

2.2　災害リスク指数

地震動災害については、地形・地盤条件による土地素因評価点の和に地
域ごとの地震外力値を乗じてリスク指数を算定した。洪水および土砂災害
については、素因評価点の和に大雨外力値を乗じて求めた。津波と高潮に
ついては、すでに素因条件区分に外力の強度・頻度を反映する地理的位置
の要因が入っている。

評価に使用したデータや基準値は災害ごとに異なるので、それぞれ対象
とした都市全体の平均で割るという基準化を行って、使用したデータに
よる数値の違いの影響を除去した。これを大きさ順に並べた例が**図7**であ
る。次に、地震・津波・洪水・高潮・土砂という 5 種の災害の発生頻度お
よび生じる被害の規模を、過去の災害記録から大づかみに求めて、地震に
2、土砂災害に 0.5 の補正係数を乗じ、5 種全体を加算して総合リスク指数
とした。これを大きさ順に示したのが図 1 および**図8**であり、地図として
示したのが**図9**および**図10**である。

環太平洋地域（インドネシア・カリブ海域を含む）は、世界で最も活動的な
地震帯で取り巻かれ、また、近地および遠地の津波にも襲われるので、地

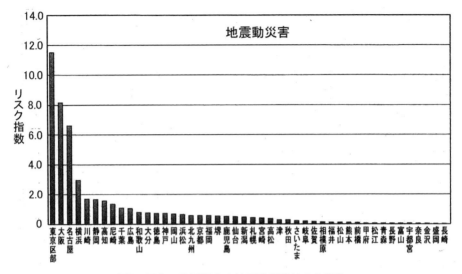

図7 日本の主要都市の地震動災害リスク指数

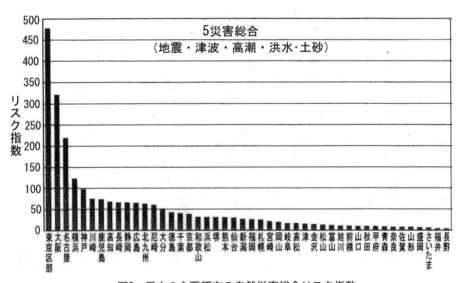

図8 日本の主要都市の自然災害総合リスク指数

第 2 章　世界と日本の都市の自然災害リスク　19

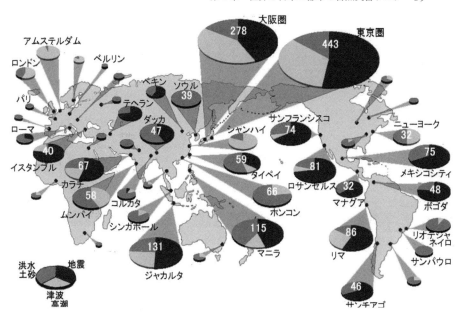

図9　世界の主要都市の自然災害リスク

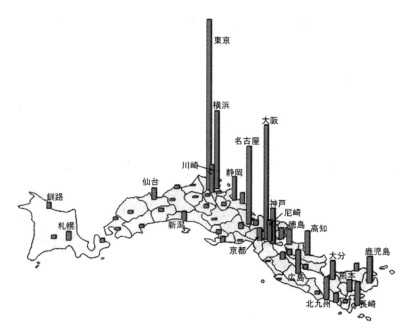

図10　日本の主要都市の自然災害リスク

震災害の危険は最大である。さらにその北西部（アジア東部）は、世界で最も頻繁に強い熱帯低気圧（台風）が来襲するので、大雨災害（洪水および土砂）と高潮の危険も最大である。したがって、この地域の海岸都市は総合リスクが非常に大きくなるが、立地の土地条件をみると日本以外では、危険が最も大きい軟弱地盤沿岸低湿地への密集市街の進出は小さく、内陸域への展開の方が著しい。この結果として、東京・大阪など日本列島南岸の都市の総合リスク指数は、世界で飛びぬけて大きな値を示すことになる。

2.3　高危険都市

(a)　世界の都市

　総合リスク指数が日本以外で最大の都市は、地震帯・火山帯に位置する沿岸都市ジャカルタであるが、そのリスク指数は東京の1/3.5（面積では1/1.5）である。次いで大きいマニラは広い海岸低地・湖岸低地に面してはいるが、市街地は山地斜面の方に拡がっていて、土砂・洪水の危険が相対的に大きくなっている。土砂災害リスクが最大の都市は、山が海に迫った島・半島に立地するホンコンである。タイペイは太平洋西岸域の地震帯にあるが、海岸から15kmの河岸低地に立地していて津波・高潮の危険はない。シャンハイは長江デルタの河口部に位置するが、外海には直面していないので高潮・津波の危険は大きくはない。アジア南部では大河川デルタに立地する大都市は多いが、バンコク・ダッカ・コルカタなどのように、そのほとんどはかなり内陸の河岸低地にあるので、地震は別として、危険は河川洪水だけにほぼ限られる。

　ミュンヘンレポートにおいて日本首都圏に次ぎリスク大と評価されたサンフランシスコは、山地斜面に展開した坂の街で地層は硬く、軟弱地盤の湾岸低地（bay mud area）はあっても高度利用はされていないので、地震の危険はとくに大きいものとはならない。ただ市域が広いため総合指数ではかなり大きくなる。ロサンゼルスはほぼ全域の地形・地盤条件が比較的良好であるが、市域が非常に広いので（ニューヨークに匹敵し、実面積で東京圏の2.5倍）、総合指数はサンフランシスコを超える。メキシコシティは地盤の

非常に軟弱な湖成低地に市街が展開しているので、大きな河川のない内陸高地にあるものの総合リスクは大きい。南米太平洋岸では、海岸低地への市街域展開がかなりあって総合指数が大きくなる都市にリマがある。

　ユーラシア南縁地震帯では大きな地震災害の発生が最も頻繁であるが、都市のほとんどは内陸にあるので、総合リスク指数の大きい都市は少ない。イスタンブルでは低い海岸低地が非常に狭いので、高潮・津波の危険は小さい。ハリケーンが来襲する大西洋西岸域では、高潮リスクがやや大きい大都市にニューヨークがあるが、その地盤高は大部分が 5m 以上である。

　ヨーロッパでは、冬季に非常に発達するアイスランド低気圧の暴風と高潮に襲われる北海沿岸都市のアムステルダム・ロンドンなどで、リスクが比較的に大きい。大陸内部では、緩やかに流れる大陸河川氾濫の危険が多少ある程度なので、パリ・ベルリン・モスクワ・マドリッドなど内陸主要首都のリスク指数は、東京圏の 1/100 以下である。この数値には市域の広さが反映しており、実質的な危険度はさらに 1 桁小さいとみたほうがよい。日本以外では全般的に、海に直面した低地に市街を展開させている大都市は少ない。

(b)　日本の都市

　日本では、東京・横浜・名古屋・大阪の巨大都市をはじめとして川崎・静岡・尼崎・神戸・高知・広島・鹿児島など、関東から九州に至るベルト地帯にリスク大の都市が並ぶ（図10）。この地帯は、陸地近くにまで海溝が迫っていて巨大地震の危険が大きい、大雨の頻度が高い、太平洋に南面していて台風・高潮の危険が大きい、そしてなによりも人口・資産が集中している、という理由によるためである。太平洋側では地震と津波・高潮の災害の危険が大きいが、日本海側および内陸では洪水・土砂のウエイトが相対的に大きくなっている。

　ここでは都市の規模（中心市街の面積を使用）を反映させた評価方法に拠っているので、各都市のリスク指数を面積で割った値、いわばリスク強度による相互比較も示す。東京区部はその半分が比較的安全な台地にあるのでリスク強度は平均的な大きさである。この東京に比べ 2 倍以上のリスク強

度を示す都市には、神戸・静岡・鹿児島・長崎・高知・徳島などがある。
これらは山地が迫った沿岸部に位置し土砂の危険も加わるものが多い。2
倍近い大きさの都市には、横浜・大阪・川崎・浜松・大分・宮崎・和歌山
などがある。一方、東京の 1/5 以下とリスク強度が非常に小さいのは、さ
いたま・相模原・宇都宮などの、ほぼ全域が台地面上に位置する内陸都市
である。東京の半分程度の大都市には札幌・福岡・京都などがある。

　木造家屋が密集する市街地が広い東京については、地震火災の危険を加
えると地震災害リスクは数倍にも大きくなる。首都であり世界的な経済中
心の一つなので、社会的・経済的影響の大きさも考慮すると、災害リスク
はさらに巨大になる。大阪は市域がより狭いことから東京に比べ総合リス
クが小さくなるが、活断層が市域中央を貫く、台地がほとんどなくデルタ
性低地が広い、などの土地環境条件ゆえに、東京よりもリスク強度はかな
り大きい。

23

第3章 東京の土地環境と災害危険性

　東京区部の地形は、台地（武蔵野台地）と低地（荒川・江戸川下流域低地、多摩川低地、湾岸埋立地）に二分され、面積はほぼ同じである。災害土地環境が最悪なのは荒川・江戸川下流域低地であって、ここに密集市街が立地していることが、東京の自然災害リスクを巨大にしている。この低地域の災害リスクは東京区部全体の 90% をも占める。そこで、東京低地域についての土地環境と自然災害の危険性などをここでは示す。

3.1　東京低地の形成

　東京・山の手の台地（武蔵野台地）の東方には、海面近い高さの低湿な下町の低地が広がり、千葉県境を越えて下総台地の南西端にまで続いている。低地内を荒川・隅田川および中川・江戸川水系の自然・人工の河川が交錯して流れ、東京湾に注いでいる。沿岸部には江戸時代初期から進められてきた干拓・埋立による人工の土地が広く分布する。千葉県南西端（浦安・市川・船橋の海岸低地）を含むこの東京東部の低地を総称して東京低地と呼ぶ。その北部は、大宮台地の西側の荒川低地および大宮台地の東側の中川低地に連続していて目立った地形境界はないので、埼玉県との境界付近を東京低地北縁とする。面積は約 310km^2、高く盛土されている沿岸埋立地を除くと、海抜高は大部分が 3m 以下である。自然には存在し得ない海面下の土地も陸域となって広く分布している（図 11）。

　かつての氷河期には海面が大きく低下し、最寒冷時の 1.8 万年前には現在よりも約 130m 低くなっていた。各河川の河口の位置は海面低下に伴ってその高さにまで強制的に下げられるので、下流部の河床勾配は大きく

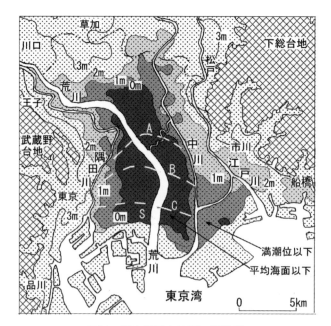

図11　東京低地の地形・地盤高

なって河流の侵食力が増大した。これにより陸地面は深く侵食され、河川の規模（流量）に応じた深さと幅の谷状地形がつくられた。

　現在の利根川の流路は江戸時代初期に人為的に変えられたもので、それ以前の自然状態では東京湾に流入していた。海面最低下時には当時の利根川（古東京川ともよばれる）の河口は三浦半島南端近くにまで前進したので、多摩川や房総諸河川も支流となって流量を増し、大きな侵食作用を及ぼした。現在の東京湾の凹地はこの侵食に地殻の沈降が多少加わって形成されたものである。削りこみ（下刻）の深さは東京低地南部で70mを超える。河流は下刻と同時に蛇行発達による側方侵食を行うので、谷幅は広がる。これによりかつては一続きであった台地面は、武蔵野台地と下総台地とに大きく切り離された。

　1.8万年前以降、地球気温は上昇に転じて海面は急速に高くなった。その速度は年1cmを超える速さだったので、河川運搬土砂による埋め立てはとうてい追いつくことができず、谷沿いに海が深く進入し、細長い入海

が出現した。温暖化ピークの約6千年前（縄文前期）に海面は現在よりも2〜3mほど高くなって、利根川沿いでは埼玉北端部にまで海が入り込んでいた。この昔の海岸線は貝塚の分布から推定できる。

　その後海面はゆっくりと低下し、これに河川の埋め立て作用が加わり、海岸線は前進して入海が陸化していった。東京低地における海岸線は、現在の荒川河口からの距離で示して、6〜8世紀には約10km、中世には約7km、1600年ごろには約4km、の位置にあったと推定されている（図11）。この海岸線の前進速度は年5〜6mの速さである。江戸時代以降では、干拓・埋立によって海岸線はさらに前進した。その新しいものほど高く盛土されている。荒川河口部付近にある海抜2m以上の地域の北縁は、明治初期の海岸線を示す。

　このようにして氷河期に形成された谷地形をその後の温暖化期（後氷期）に埋め立てた地層が沖積層である。東京低地ではこれは有楽町層と名づけられている。この形成は1.8万年前以降と新しいので、締りの緩い軟弱な地層である。その厚さは谷の削りこみの深さにほぼ一致する。

　工業用水取水や天然ガス採取のための地下水大量汲み上げは、沖積層を圧密して地盤沈下を引き起こした。東京低地における地盤沈下は大正初期から始まり、第二次大戦後一時的に鈍化した後、再び急激に進行して、総沈下量の最大は江東区南砂（図11のS）で4.6mに達した。このうち1950年以降の沈下量は約2mである。これにより、南砂の標高は最大で-3.5mにも低下した。自然には存在し得ない海抜0m以下の地域（ゼロメートル地帯）はおよそ62km^2、満潮位（1.1m）以下の地域はおよそ120km^{2}である（国土地理院の50mメッシュ標高データによる計測）。これは高潮・河川洪水などの危険を非常に大きなものにしている。地層の圧密沈下は自然に回復することはない。

　この災害危険性のきわめて大きい東京低地は完全に市街化されて、現在約370万人が居住している（大阪市の人口は270万人）。東京低地の開発・市街化は、徳川の江戸入府以来、積極的に進められてきた。江戸初期、江戸城の東には日比谷入江を隔てて日本橋埋没台地上の砂州が半島状に突き出して、江戸前島と呼ばれていた。この日比谷入江はしだいに埋め立てられ、

台地と隅田川との間の下町低地は主として町屋地区とされた。隅田川の東も干拓・埋立が行われ、隅田川沿いの本所・深川地区は主として武家屋敷地区となった。埋立には江戸の街からでる大量のゴミや、頻繁に発生した江戸大火の瓦礫もつかわれた。新田の開発や舟運のための水路開削も行われ、水路沿いには町屋が並んだ。

　明治以降には海岸部の埋立がさらに進められて低地は拡大し、また、荒川などの洪水や東京湾高潮による災害を契機に荒川放水路および中川放水路が開削され、低地の市街化進展の条件が整えられた。1791年の高潮の後幕府は、深川の海岸部を一部買い上げて空地とし、その海岸側を居住禁止にしたとされているが、現在では土地利用規制などは全く行われていない。沿岸低湿地や干潟における新田開発は稲作国日本では必然であるが、このような土地はその生い立ちから地盤の非常に悪い低湿地であって、地名がそれをよく示していることが多い。

3.2　地形・地盤条件

　氷河期に洪積層の台地を削り込んだ谷は、後氷期に沖積層の堆積で埋め立てられて、現在は地下に埋没している。この埋没地形(基盤となる洪積層の表面)は、東京低地においては、段丘や波食台の形成により階段状になっている。低地のほぼ中央には当時の利根川がつくった幅3kmほどの主谷があり、その深さは50〜70mである(図12、13)。台地側面には波の侵食により形成された平坦な面(波食台)が分布する。波の侵食作用は深くには及ばないので、波食台表面の深さは浅い。これらの平坦面は支流がつくった浅い谷により刻まれている。現在の河道の位置と地下の谷とはほとんど一致していない。

　この埋没地形の深さが、それぞれの場所における沖積層の厚さを示す。これが最も厚い埋没谷主谷は沿岸部において、荒川(放水路)の西に沿っている。最も悪い地盤(第3種地盤)に分類される沖積層厚30m以上の地域は低地のほぼ中央にあり、中川および荒川の谷に分かれて北に伸びている。この第3種地盤地域は、東京低地の55%を占める。

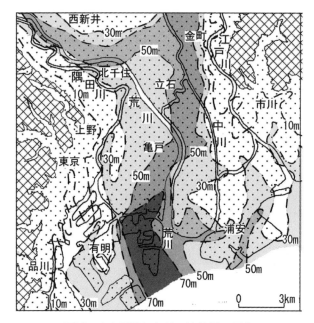

図12 東京低地における沖積層の厚さ

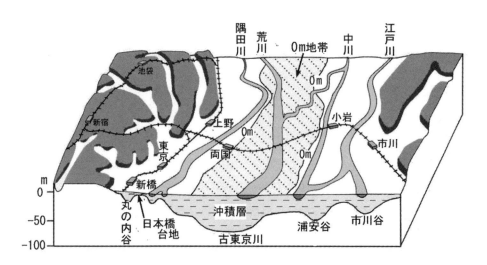

図13 東京低地の地下断面模式図
(貝塚, 1990による)

沖積層(有楽町層)の上部には数m程度の厚さの、締りの緩い(地層の硬さの程度を示すN値が10以下)砂層が、多くのところにみられる。これは液状化を起こしやすい地層である。この下方の沖積層主部(下部有楽町層)は非常に軟らかい(N値2以下)泥質層からなる。

隅田川と武蔵野台地との間の下町低地はほぼ波食台や砂州の地域で、表層軟弱地層は薄い。本郷のある台地の先からは日本橋埋没台地が銀座の南にまで伸び、2～3m以下の厚さの表層土の下にはよく締った砂層がある。これの西側には神田川の谷から続く丸の内谷・日比谷入江があり、沖積層の厚さは20m近い。その表層は一般に軟弱である。東側には不忍池の谷から続く埋没谷(昭和通谷)が伸びている。神田川・目黒川などの台地を刻む谷の出口は、かつての海面上昇期には砂州で閉ざされて潟・沼沢地となり、表層には泥炭層など非常に軟弱な地層が堆積している。

東京低地はおよそ2,000年前以降に次第に陸化してきた三角州で、自然状態では非常に低平であり、その高さは台地縁辺部を除き海抜3m以下である。高く盛土した臨海埋立地は別として、海抜2m以下は全体の65%である。中央部には地盤沈下により海抜0m以下の土地が形成され、大きな凹地状を呈する。このゼロメートル地帯は沖積層厚30m以上(第3種地盤)の地域にほぼ一致する。地盤沈下は地下水が抜け出て土層の体積が縮小することで起こるので、沖積層の厚いところほど沈下総量は大きくなるためである。高さが-3m以下の最も低い土地は、荒川下流の西岸沿いに南北に伸び、その面積は約3km²である。

3.3 自然災害と土地条件

地震帯・火山帯・多雨地帯・台風来襲域に位置するという広域の自然地理環境およびゼロメートル軟弱地盤域といった局地的な地形・地盤条件ゆえに、開発・利用は近世以降であるものの、東京低地では多数の災害履歴がある。

(a) 地震

　1923年関東大震災は世界史上最大規模の自然災害である。その大被害の大半は当時の市街域であった東京低地の西半部（ほぼ現在の荒川の西側）において集中発生した。この地区での死者数は約6.8万人で震災全体被害の65％、住家全焼は約29.5万戸で全体の80％、住家全壊はおよそ4万戸（火災のため住家損壊の詳細は不明）で全体の30％などであった。この大災害の主因は東京下町の全域を焼失させた火災である。地震による出火のほとんどは建物倒壊により生じるので、地盤条件の悪い地区で多数の火災が生じ、折からの強風に煽られて延焼し大火災になった。

　東京の被害分布には地盤の良否による違いが明瞭に現れた。震源からは70km離れていたので、山の手台地面では住家全壊率がほぼ1％以下、震度5強程度であった。しかし、東京低地中の沖積層の厚い地域および山の手台地を刻む谷の出口や谷底の旧池沼域（表層に軟弱地層あり）では、全壊率が30％を超え震度7の揺れであった（**図14**）。隅田川の東（本所・深川両区）

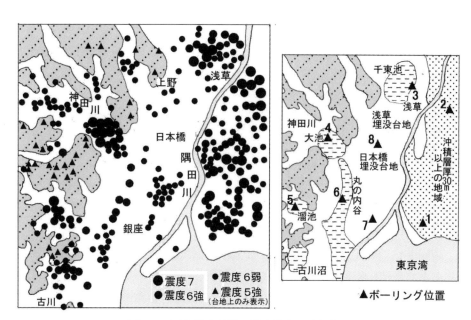

図14　1923年関東地震の震度分布と地盤条件
（震度分布は武村, 2003による）

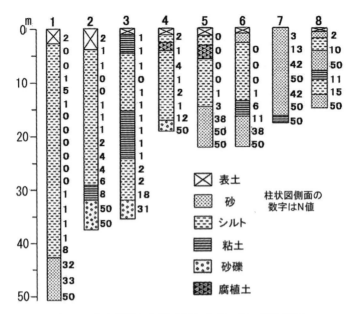

図15　東京低地における代表的ボーリング柱状図
位置は図14の右図中に示す

では西側に比べ沖積層がより厚く30mを超え、地層の硬さや締りの程度を示すN値はほぼ1以下で、非常に軟弱である（図15の1、2）、このため震度は6強〜7と強い揺れになった。

　隅田川の西（下町低地）では、丸の内谷のところで被害が大きいことが図から明瞭である。丸の内谷は現在の神田川に連続し、その出口付近に大池が、浅草の北には千束池、赤坂の南に溜池、古川の出口付近に古川沼などの沼地・湿地が近世まで存在していた。この旧池沼域では沖積層の厚さは最大15mほどであるが（図15の4、5、6）、湿地植物が積み重なってできた泥炭層など非常に軟弱な有機質土層が厚いので、地震動が局地的に大きく増幅され、震度7域（全壊率30％以上）がここに集中した。液状化は砂質である上部有楽町層が分布するところを中心に起こっている。

　1855年安政江戸地震（M6.9）は、東京低地の地下を震源とする直下型地震で、局地的に大きな被害が生じた。建物の倒壊は隅田川の東側で多く、本所・深川地区における全壊率は関東大震災のそれをやや上回る大きさであった。

一方、山の手台地における被害はわずかであった。江戸府内における死者数は3,651、全壊戸数は14,323とされているが、この統計には明らかな脱落があり、実際はこれよりもかなり大（2倍程度）のようである。幸い風が弱く延焼がわずかだったので、火災規模は1923年の20分の1で済み、巨大災害は免れた。

東京直下の地震は、1615年慶長江戸地震（M6.5）、1649年慶安江戸地震（M7.0）、1894年明治東京地震（M7.0）とたびたび起こっている。明治東京地震は震源が80kmと深かったので、大きな被害にはならなかった。地盤条件は不変なので、東京低地で今後も繰り返し大きな地震動が生じるのは避け得ない。

相模トラフでの巨大地震である1703年元禄地震や1923年関東地震では、東京湾奥における津波被害は報告されていない。しかし、想定される南海トラフ巨大地震（M9.0）が起こった場合、高さ2〜3mの津波が押し寄せると予想されている。多数ある水路などの防水護岸が震動により壊れると、ゼロメートル地帯では地震水害が起こるおそれがある。

(b) 地震火災

地震火災の危険度は、出火危険度と延焼危険度との組み合わせで示される。出火率は建物全壊率に比例するが、この全壊率は地盤の悪いところほど大きくなる。延焼の危険度は木造建物が多くて街路の狭い密集市街域で高い。このことから関東大震災では、隅田川両岸低地に広がる下町地区と神田川などの谷底の地区が焼失した（**図16**）。焼失面積は3,836haで市域総面積の44％、焼失世帯数は約30万で東京市全世帯の63％であった。これは世界史上で最大の火災である（戦災は除く）。

地震は正午直前という多くの火源がある時間帯に発生したので、市内の98箇所から出火した。このうちの27は火元付近で消し止められ、残りの71が延焼した。飛び火による火元は45で、このうち41が延焼に至った。結局延焼火元は112箇所で、この多数の延焼域が合流して火流をつくり、58の火系となって拡がり市街地の半分近くを焼失させた。

延焼は気象状況に大きく左右される。当日には弱い台風が日本海を東北

図16 関東大震災の火災による東京市（15区）の焼失域
(中村, 1925による)

東に進行しており、地震発生時に秒速10mほどの強い南風が吹いていた。この風によりまず北の方向へ延焼が進行した。午後5時ごろになって風向は急速に西方向に変わり、9時ごろには強い北風になり、22時に秒速21mの強風を記録した。秒速15mを越える強い北風は翌日の1時ごろまで続いたので、延焼域は南方向に大きく拡大し、夜半までには最終的な焼失域の90％ほどがすでに炎上域に入っていた。このように風が強く、その風向が変化したことが火災を大規模にした大きな要因である。延焼の速度は毎時300～400mの場合が多く、最大で800mであった。

　火災は市域の半分近くを焼いて地震の2日後の朝に終息した。延焼を阻止した要因は、総延長に対する割合で示して、崖及び広場30％、風向が道路に平行17％、バケツ消火など15％、樹木12％、消防隊11％、風上7％、海・大河4％、破壊消防2％とされており、半分近くが地形・植生などであった。

　市内全域では110ほどの火災旋風が発生した。なかでも両国橋近くの被

被服廠跡における火災旋風は大惨事を引き起こした。この発生は地震から約4時間後の16時ごろであった。本所区ではかなり急速に火災域が拡大したので、域外に脱出できなかったおよそ4万人が多量の家財と共に、この7haほどの空き地に密集状態で集まっていた。16時には3方向から火が迫ってきており、唯一開いていた南西方向から隅田川沿いにやや強い風が吹いていた。このような状況のもとで風速70m/秒と推定される旋風が発生し、高温・一酸化炭素・烈風などにより、3.8万人もの死者（周辺域を含む）がでた。これは東京市全体の死者の55％にあたる。

　被服廠跡以外での約2万人の火災死者の大半は、橋の袂や池・川で集中発生した。焼失区域にあった橋353のうち270は焼失あるいは破壊されて、避難を大きく妨げた。また、避難者が運び出した家財に火が燃え移って犠牲者を多くした。一般火災では最大であった明暦の大火でも、死者1万を出したという旋風が起こった形跡がある。一般の竜巻と同じように火災旋風は、いつどこで起こるか予測しがたい現象であるが、大火災になればどこかで必ず起こるものとして考えておかねばならない。

　現在の東京をM7.2の直下地震が襲った場合、都内全体で38万棟の家屋焼失が生じるという想定がなされている。火災危険度が高い地区は、都心を取り巻きドーナツ状に分布している。これは木造建物が過度に密集し幅広い道路の少ない地区である。出火危険度は、高層の共同住宅が多い地域や飲食店・事業所の多い繁華街で高くなっている。広い緑地・空閑地がありゆったりとした住みやすい街は安全な街でもある。

(C) 高潮

　東京湾のように南に開口する浅い湾（平均水深30m）では、南方から進行してくる台風の強い風により海水が吹寄せられて、湾奥で高い高潮が発生する。近年では1949年のキティ台風により東京低地が広範囲に高潮の浸水を被った（**図17**）。東京都の被害は死者19人、全半壊流失家屋4,038戸、浸水家屋100,845戸であった。台風の強さは並の規模であって、東京湾における最高潮位は2.1m、潮位偏差（天文潮分を除いた値）の最大は1.4mとさほど大きなものではなかったが、荒川・隅田川を遡上し支川・水路に侵入

図17　1949年キティ台風による高潮浸水域

した高潮が多数の箇所で破堤・越流し、ゼロメートル域を中心に氾濫した。これは敗戦の直後のことで、河川堤防や水路護岸が管理不備の状態にあり、また地盤沈下で低くなっていたためである。

　この災害後高潮対策事業の見直しが行われ、また、戦後さらに急速に進行した地盤沈下にも対処するため、海岸部および主要河川に連なる外郭堤防をかさ上げし強化する事業が進められた。1959年伊勢湾台風の後には計画高潮位を改定し更なるかさ上げが行われ、1985年の6号台風はキティ台風に匹敵する最高潮位1.94m（千葉）の高潮を引き起こしたが、被害は全く生じなかった。

　東京湾における最大の高潮は1917年（大正6年）の「東京湾台風」により生じた。最高潮位3.08m（最大偏差2.2m）であり、江戸川下流部では、総武線が通る8km内陸にまで海水は到達した。中川河口（現在の荒川河口）の周辺域から浦安・市川・船橋にかけての海岸域（海岸から2～3kmまでの沿岸部）では大きな被害が生じ、死者行方不明者は約1,300（東京563）であった。東

京における住家被害は、流失・全壊 1,257 戸、浸水 18 万戸であった。浸水面積は 87km² でキティ台風のときとほぼ同じである。最高潮位に 1m の違いがあったにも拘らず浸水面積がほぼ同じなのは、その後の地盤沈下 (最大約 2.5m) により広いゼロメートル地帯が形成されたためである。

　この後現在まで最大偏差 2m を越える高潮は東京湾で発生していない。しかし江戸時代の記録では最大偏差 2m を超えたと推定される高潮が 3 回起こっており、これはほぼ 80 年に 1 回の頻度である。大正の大高潮からすでに 90 年以上過ぎていて、その間東京湾では大きな高潮が発生していないので、備えのレベルが低下し高潮に対する地域の脆弱性が増大していると懸念される。

⒟ 河川洪水

　1947 年 9 月 16 日未明、カスリーン台風の豪雨により利根川は、埼玉県・栗橋西方において大破堤した。氾濫流は付替工事前の流れを再現して古利根川・中川沿いに平均時速約 1km で南下して、2 日半後に、埼玉・東京境界を越えて桜堤に達した。ここは東京低地への洪水の流入を阻止する要 (かなめ) であるので、決壊を防ぐ水防活動に全力が注がれ、また、この箇所への負担軽減のために江戸川堤防の開削が行われた。しかし 9 時間持ちこたえた後 19 日 2 時に桜堤は破堤し、氾濫流は一気に東京低地の市街地に流入した。

　南に向かった氾濫流は常磐線次いで総武線の路盤を越えて 2 日後に中川河口近くの新川堤に達して停止した。西へ向かった流れは中川堤防を破壊して綾瀬川までの範囲を水没させた。この浸水域の西側半分 (荒川寄り) は海面下の土地で浸水深は 3m に達し、湛水期間は半月を超えた。これにより葛飾区の全域および江戸川区・足立区のほぼ半分の地域が浸水した (図18)。勾配の非常に緩やかな三角州域であり、鉄道・道路などの障害物が多いので、洪水の進行は遅く平均時速 0.2km 以下であった。東京湾への排水は潮位変化を利用し多数ある閘門の開閉により行われた。

　浸水深は大きくて住家浸水の大半は床上浸水であった。東京都 (足立・葛飾・江戸川の 3 区) における浸水戸数は床上 82,931、床下 22,551 で、埼玉県における浸水総戸数 40,037 を大きく上回った。東京における住家流失

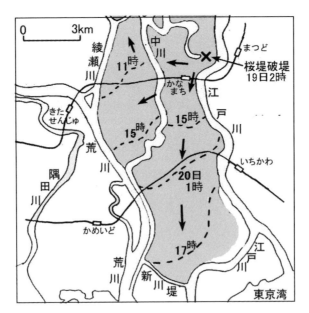

図18 1947年カスリーン台風による利根川洪水の東京における浸水域
(地理調査所, 1947による)

は27戸であるが、これはすべて桜堤の破堤口付近で生じた。被災地区の人口は38万人であった。

このように利根川の洪水が東京(江戸)にまで到達するということは、江戸時代以降たびたび起こっている。江戸の三大洪水とよばれる寛保二年(1742)、天明六年(1786)、弘化三年(1846)の洪水、荒川放水路開削の契機となった明治43年(1910)の洪水(浸水面積200km^{2}で1947年洪水の2倍)などがそれで、多くの場合、荒川も同時に氾濫している。

(e) 内水氾濫

その場所や周辺域に降った雨水がはけずに溜まるというのが内水氾濫で、一般に平野内の小河川や水路が溢れる場合も含めている。台地内谷底の浸水も内水氾濫である。東京低地は排水条件の非常に悪い凹地状低地なので、強い雨が降るたびに多かれ少なかれ浸水被害が発生している。

1958年の狩野川台風は、伊豆半島の狩野川を大氾濫させたためにこの

ように名づけられたが、同時に首都圏にも大きな被害をもたらした。東京では最大24時間雨量が392.5mmと現在でも既往最大の豪雨となり、東京低地は全面にわたり内水氾濫を被った(図19)。また、山の手台地を刻む神田川・石神井川などの谷底低地が広範囲に浸水した。東京都における浸水面積は211 km²、うち谷底低地が33km²であった。東京・埼玉・神奈川の3都県における住家浸水は43万戸にも達した。

　1966年の台風4号の雨は、最大24時間雨量235mm、最大1時間雨量26mmで、短時間の降雨強度としては大きいものではなかったものの、浸水面積74km²と狩野川台風に次ぐ規模の浸水を引き起こした。浸水住家数は10万棟であった。浸水域は荒川左岸の足立区・川口市・北足立郡で広範囲であったが、これは荒川が長時間にわたり高水位を保ったため、この地区の内水の荒川へのポンプ排水が阻害されたためである。また、山の手台地域での浸水面積が18km²と広く、かつそれが上流の多摩地区に広がっ

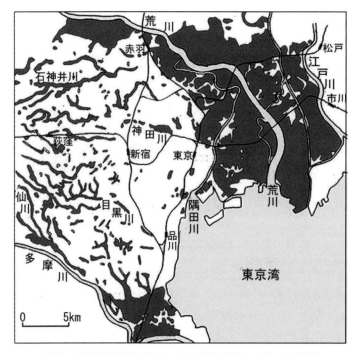

図19　1958年狩野川台風による東京23区内の内水氾濫域

たので、山の手水害という名が与えられた。

　内水氾濫は激しい雷雨のようなごく短時間の強雨でも起こる。対策は排水能力を高めることであるが、もともと排水条件の悪い低湿地では、一時的な湛水まで防ぐことは不可能であり、多少の起伏がある台地面では，局地的な湛水は不可避である。近年東京では5年に1回ほどの頻度で住家浸水棟数5千を越える内水氾濫が起こっている。全国的に内水氾濫被害は、高度成長期の1960〜80年代に多かったが、その後かなり減少してきている。

(f) 台地における災害

　台地は総合的にみて最も安全な地形である。河川や海岸の低地から一段と高いテーブル状の地形なので、よほど低くない限り津波・高潮や河川洪水の危険はない。また、起伏のきわめて小さな台地面上では土砂災害は起こらない。大雨による災害としては、台地開析谷底（ここは大雨時の水路）における内水氾濫、台地側面の崖崩れ、台地面上の凹状地における湛水があるが、地形勾配は小さいので水の動きは穏やかであり、また崖の比高は小さいので危険域は狭い。

　日本の台地の大部分は洪積台地で、十数万年以前に堆積し比較的締まった地層からなるので、地震時の震動は沖積層の低地に比べかなり低下する（震度では1〜1.5程度）。関東平野は台地が広く分布する平野で、大阪平野や濃尾平野などに比べ、大都市の立地には有利な土地条件にある。もしも徳川幕府が、また明治以降の政府も、繰り返す災害の経験を活かして、低地の利用を最小限に抑え武蔵野などの台地に市街を展開していたら、災害リスクは大きく低下していたはずである。

3.4　都市拡大の経過

　徳川幕府は参勤交代の諸大名・家臣の居住地をつくり、また頻発する火災の延焼を阻止するための建物間引きと郊外移転政策によって、江戸の市街を周辺に拡大させた。幕末期におけるその範囲は丸の内からほぼ7kmの円内にあった。東京低地においては、浅草・日本橋地区とその東の隅田

川対岸にあたる河川沿いの地区（向島・本所・深川）に市街が限られていた。明治期には市街域は幕末期とあまり変化せず、ただ鉄道路線に沿って伸びたのが目立つ程度であった。**図20**は各時期の20万分の1地勢図で市街地と表示されている範囲を示したもので、市街域の平面的拡大の経過がこれからわかる。

1923年の関東大震災の後には市街域拡大が大きく進行し、また復興事業により都市景観は変わった。震災の2.5月後の時点で東京市（当時は15区）から東京郡部に避難していた人は31万人で人口の14％もあり、そのかなりの部分がそのまま定住し、郊外鉄道により通勤などを行うようになった。鉄道会社はこぞって路線沿いに住宅地の開発を進めた。これにより市街地は放射状に大きく伸びた。東京低地では、戦時期直前の1934年時点において、荒川放水路（1908年着工、1930年完成）の西岸際にまで市街が達していた。

戦時期に入ると軍需工場の移転、住宅の強制疎開などが実行され、市街地は西方および南方に大きく拡大した。これにより川崎・横浜に連続する

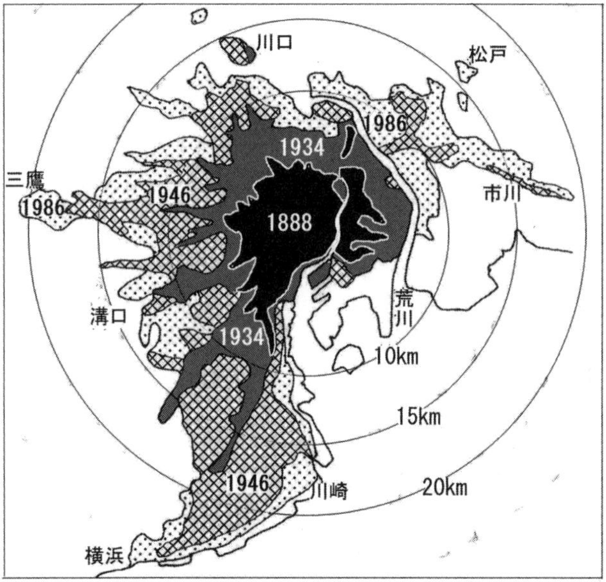

図20　東京圏の市街地拡大経過
（花岡ほか, 2002による）

市街が形成された。一方東方への拡大はほとんどなく、荒川の東岸および北岸域(現在の江戸川・葛飾・足立の3区域)はなおも農村的な景観を呈していた。戦後の復興期とそれに続く高度成長期になると、荒川の東岸・北岸域に市街地は一気に拡大した。ただし、近年では高層化による立体的拡大が著しく、また散在分布して建物が建造されるように変わったので、地勢図の表現では都市拡大がよく示されなくなっている。そこで人口という指標により東京低地の利用の変化をみてみる。

東京低地にある8区(中央・台東・墨田・江東・荒川・足立・葛飾・江戸川)の人口は、2010年現在288万人で、1920年(関東大震災の3年前)の153万人に比べ2倍ちかくに増加した(図21)。ただしこの増加の大部分は荒川左岸(荒川の東方及び北方)にある足立・葛飾・江戸川の3区におけるものである。これら3区の人口は1920年に比べ14倍にも増大しており、荒川左岸地区への著しい市街地拡大を明瞭に示す。東京の人口は戦時期に3分の2ほどにまで減少した。しかしこの地区だけは例外で、一貫して増加を続

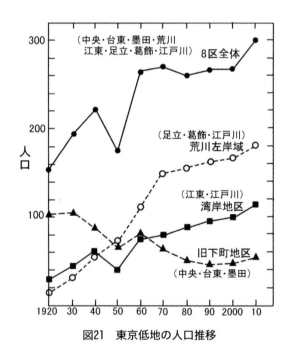

図21　東京低地の人口推移

けてきており、高度成長期にはとくに大きな増加を示した。一方中央・台東2区ではこの期間に40%にまで減少している。

最近では湾岸地区での増加が著しく、江東・江戸川・中央の3区では1980年に比べ1.4倍に増加した。とくに中央区では、湾岸地区における超高層マンション建造など住宅開発により、1920年以来続いていた減少傾向が一転して増加に変わった。この結果低地全体の人口は、1960年以来ほぼ横ばいであったのが、2000年以降増加に転じた。これは災害脆弱性(被害の潜在的可能性)が最近になってさらに大きく増大していることを意味する。

3.5 東京の高リスクへの対応

東京低地中央には、地下水の大量汲み上げで生じた地盤沈下により出現したゼロメートル地帯が広がる。この海面下にある土地は危険の存在が最も認識されやすい地域条件である。

東京低地における地盤沈下は大正期初頭から始まり、戦後一時的に鈍化したあと経済の高度成長に伴って急速に進行した。1960年代に入って地下水揚水規制が行われたことにより、沈下は1970年ごろにほぼ終息した。この結果としてゼロメートル地帯60km^2、満潮位(ほぼ1m)以下の低地120km^{2}が出現した。地盤沈下量は最大で4.5mと、濃尾平野や大阪平野など他のゼロメートル地帯に比べほぼ2倍に達している。このため標高の低いゼロメートル地帯が広く、したがって危険度もそれだけ大きい。標高-2m以下の地域は約40km^{2}であるが、これは高潮により繰返し浸水している大阪低地ゼロメートル地帯よりも広い。

低地地盤高の水準測量は明治以来継続的に実施されてきているので、地盤沈下の進行は昔から認識されていた。1958年になって密な簡易水準測量が地形図修正に際し実施されて、低地地盤高が等値線として描かれ、海面下の土地の広がりが明らかにされた。これにゼロメートル地帯の名がつけられて世間に広く知られるようになったのは1960年ごろのことで、以来50年以上経過している。

この低地域に住む人口の40%は、土地の危険性がリアルに示された

1960年以降に増加したものである。その後の高度成長期には、住宅用途に加え商工業用途の市街地が一気に荒川東方および北方に拡大し、現在では低地全域が市街域に変わった。地盤条件も悪いこの低地域の建物のほぼ総てば、ゼロメートル地帯の存在が明らかになった後に新設しあるいは再建したものであって、当然にその危険を承知し受け入れたうえでの行為であったはずである。

　現在、この8区内にある満潮位(ほぼ1m)以下の土地には、およそ140万の人が常住し、28万棟の建物(うち木造21万棟)が建てられている。0m以下の地域では、人口はおよそ80万、建物は17万棟(内木造12万棟)である。また、最も悪い地盤に分類される沖積層厚30m以上の地域には、170万の人口、35万棟の建物(木造26万棟)が、沖積層厚10～30mの地域には、100万の人口、20万棟の建物(木造14万)がある(図22)。

　ゼロメートル地帯はもちろんのこととして、満潮位以下の地帯は、高潮・津波・地震水害(護岸などの破壊による浸水)・河川洪水などの危険が非常に

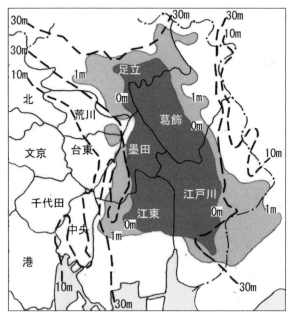

図22　東京低地の地盤高・沖積層厚

大きい土地である。浸水深は最大で 4 〜 5m にも達し、しかもそれが非常に長期間に及ぶ可能性がある。1949 年キティ台風の高潮では、荒川河口から 15km 内陸にまで浸水域が及び、1 万戸の家屋が浸水した。1947 年カスリーン台風による利根川氾濫では 10.5 万戸が浸水し、浸水期間は半月に及んだ。この明らかに実感できる高潮・洪水の危険に曝されている人口が 100 万人以上、建物が 30 万棟近く存在することになる。

ゼロメートル地帯では地盤も非常に悪い。地盤沈下の総量は沖積層が厚いほど大きくなるからである。東京直下の地震などにより、沖積層厚 30m 以上地域で震度 6 強、10 〜 30m 地域で震度 6 弱の揺れが生じた場合、耐震化がかなり進んでいるとして建物全壊率をそれぞれ 5%、1% とかなり小さくみた場合でも、全壊数はおよそ 2 万棟になると算定され、半壊数はこの 2 〜 3 倍になる。地震による出火件数は全壊数に比例する。関東大震災では全壊戸数およそ 4 万戸、出火の件数は 120 で、強風に煽られて延焼域が広がり 30 万戸が焼失した。現在、この低地内に住む 300 万近くの人口、約 40 万棟の木造建物は、地震火災の大きなリスクに直面している。

このような広大な高密度市街では、リスク軽減のための組織的・集団的な移転・移設はまず不可能である。そこで防潮堤などの防災施設や耐震・耐浸水の建物構造などにより抵抗力を増大させる対策を採ることになるが、このように悪い土地環境の場ではその機能に大きな限界があり、また、それへの依存は災害リスクを増大させる。堤防の名をかたった大規模盛土も行われているが、これには巨額を必要とし、かつ堤防的機能が得られるのには先が見通せないほどの長年月を要する。水路が錯綜するこの低くて広いゼロメートル低地における高潮・津波・河川洪水・地震水害を、防潮堤や河川堤防・護岸で防げるとしてそれに依存するという選択はリスクが大きすぎる。

現在の都の防災都市計画の中心は建物の耐震化と不燃化である。しかし、軟弱沖積層が厚いこの低地では台地に比べ震度で最大 2 ほども強い揺れが生じるので、耐震化で非常に多数ある建物の倒壊を防ぐことは不可能である（**図 23**）。また地震火災の延焼阻止のためには不燃化だけでなく、空閑地・緑地を多くして密集市街地を安全な街区につくり変える必要があるが、こ

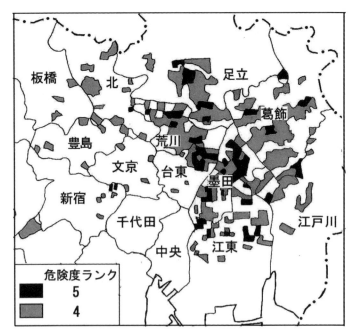

図23 地震による建物倒壊危険度ランク
(東京都都市計画局, 2002)

のためには高層化だけでは済まず、移転・移設が必須である。

　土地利用開始時点で存在が明白であった危険に対処するための巨額な費用は、その利用がもたらす便益を得るための必要コストとして利用者負担とするのが原則である。現実にはこの基本原則が社会に受け入れられることは期待できないが、それが本来であることは認識したうえで、各種対応策が社会全体の合意のもとで採択されねばならない。

　台地部においては、神田川・石神井川など谷底低地の利用と防災についての問題が指摘される。ここは目で見るだけでも明らかに狭い谷地形であって、大雨時の多量の雨水を流し、溜めるために自然が形成したいわば河川敷・遊水地である。したがって多摩川河川敷のグランドやゴルフ場と同じように、谷底内の住宅・施設は出水時に浸水するという前提で造られているはずである。この出水処理のための地下ダム・地下河川の建造費用は、当然に受益者負担が原則となる。

現実問題として、行政による危険地の利用規制や土地利用誘導は期待できないし、ましてや組織的・計画的な市街移転は不可能である。首都移転は費用のわりに効果が小さいと考えられているようであり、またなによりも東京低地のリスク低減にはほとんど貢献しない。

　そこで期待したいのは、意識の高い組織・企業・住民などの自衛的な移転・移設である。東京全体のリスクを低減させる効果は小さいが、望み得るのはこの程度であろう。災害による巨額の将来コストや災害後の事業継続を考えれば、それは十分に採算が合うはずだ。災害が起こったり危険地指定されたりして地価が下がる前に高値で売り抜ければ（これは不当な経済行為であるが）、さらに有利となる。震度6クラスの直下地震や最高潮位3mの高潮など大きな災害が起こるのは、50年先かもしれないが、明日であっても不思議ではない。被災しなくてもやがて必ずくる建替えや大修理などの機会を利用して、より安全な土地に脱出をはかるという自己防衛の対応が望まれる。

　できれば行政の側にも、せめても大災害後の復興計画に、移転・移設や土地利用規制の観点も加え準備しておくことを期待したい。過密都市の弊害や集積の不利益の除去、国土の効率的な利用、都市・施設の適正配置、地域振興・過疎対策と国全体の共栄など、防災の範疇を超えた広い視野での対策が望まれる。

47

第4章　国土の災害自然環境

　前章を受けて、自然災害危険度の地域性、危険の小さい地形の種類、都市立地の選定などにつき示す。

　地震・大雨・強風などの災害誘因は地域全体にくまなく作用する性質の自然力なので、それを避けることのできるような場所はないが、第2章のリスク評価基準のところで示したように、狭い国土ではあっても、その強度には大きな地域差がある。地形・地盤など土地素因は、この起伏の大きい変動帯の島国では非常に多様で複雑な分布を示し、各種災害事象の発生域と危険度を場所ごとにこまかく規定している。とくに水災害(洪水・津波・高潮など)および土砂災害は地形による支配が大きく、その危険が及ばない場所が明確に存在する。ここでは誘因と素因の地域性がつくる災害危険度の地域差、および都市立地の適地とその選択余地などについて述べる。日本では自然災害を避けようがないと言われているようであるが、その危険度には非常に大きな地域差が存在するのであって、立地選定による被災回避の余地は大きいことをここで示す。

4.1　災害誘因

(a)　地震

　日本列島を構成する地殻中には、プレートの押し合いと沈み込みによる強い圧縮力によって継続的に歪みが蓄積されるので、それを解消する現象である地震が繰返し発生する。沈み込みの境界を示す海溝付近では歪みの蓄積速度は大きくて、海溝型と呼ばれる巨大地震が100年ほどの間隔で起こる。陸域の地殻中にもより遅い速度ではあるが歪みが蓄積されて、内陸

地震(直下地震)が数千年〜数万年の間隔で発生する。その一部は地表の連続ずれである活断層をつくる。

海溝沿いに連なる巨大地震の震源域および内陸の主要活断層については、それぞれの発生確率と発生した場合に各地点の地下硬質地盤にて生じる地震動の強さを求め、その最大速度が確率表現で示されている(図3)。これと同じ条件である50年超過確率10％に対応する地表の計測震度を示したのが図24である。地表層が軟らかいほど地震動は大きく増幅されるので、この場合の地域差はより大きくなる。地震動は地層という土地素因と不可分の現象であるから、誘因と素因とを組み合わせたかたちで考えることになる。

巨大地震の震源域に直面する太平洋南岸域と、活断層は少なく地震活動が活発でない内陸域とくに北海道北部とでは、確率的に表現した地震動最大速度におよそ20倍の違いが、より実感できる計測震度で表すとおよそ

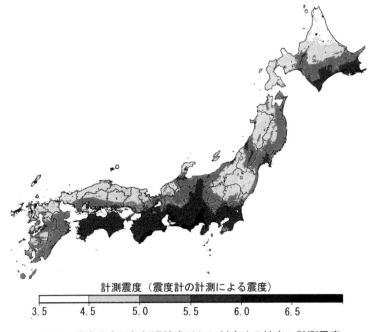

図24　震度分布50年超過確率10％に対応する地表の計測震度
(防災科学技術研究所, 2005)

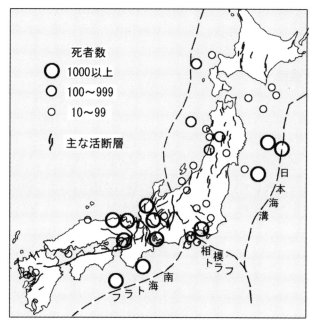

図25 被害地震の分布
(理科年表による)

2の違い、建物全壊率で示すと100倍の違いがある。日本にいるかぎり地震を避けることはできないが、問題になるのはその強さと頻度であり、狭い日本の中であっても地震の実質的危険度にはこのように大きな差が存在するのである。

過去に被害を引き起こした地震の震央分布によって地震活動の地域性を示したのが**図25**である。最近130年間では、大きな被害を引き起こした地震は近畿とその周辺域に集中している。これは、活断層が多数あり局地的に激甚な揺れを起こす直下型地震が多いこと、および巨大地震の頻度が大きい南海トラフが近接していることによる。三陸沖や日本海の沖合いにおける地震は、津波の被害が主である。内陸地震の半数は既存の活断層の活動によるものではなく、図中に示した活断層の分布と被害地震の分布との対応はあまりみられない。地表にずれを起こしていないので活断層と認定されない陸域の活動的断層は地下に多く存在するからである。活断層は

中部内陸でも多いが、この期間には大きな被害地震は発生していない。被害地震の発生がほとんど無いのは北海道内陸であり、図24と整合する。

(b) 大雨・強風

　1日で100mmというのが水害を発生させるおおよその下限の雨量である。日雨量100mm以上の日数は、九州・四国・本州の南岸域で多く年に2〜3日以上、瀬戸内を含む内陸域や東北・北海道で少なく2〜4年に1日程度で、数倍程度の差がある（図5）。ただし、水害発生の限界雨量が年降水量にほぼ比例しているので、水害の起こる頻度にはこれほどの地域差はない。年平均降水量は西日本の太平洋岸域と北海道とで3倍程度の違いがある（**図26**）。気象庁が定めている大雨警報発表の基準値は、水害発生の限界雨量に相当する値を示す。24時間雨量基準値のおおよその値は、北海道で100mm、関東・東海で150mm、南九州で200mmなどで、年平均降水量のほぼ10%程度の大きさになっている。なお、現在では1時間雨量が警報の主な基準値とされている。

　その地域の降雨量の長期間統計値に基づいて、ある強さの雨が何年に1回起こる規模のものか、あるいはある期間に予想される最大の降雨強度はどれだけかという値が求められている。これは再現期間あるいは確率雨量と表現され、大雨の頻度・強度をより正しく表す値になる。今後30年間に予想される最大日降水量は、紀伊・四国の太平洋岸および九州で300〜400mm、東北・北海道で150〜200mmと、2倍ほどの差がある（図5）。

　ある地点から300km以内に台風の中心が近づいたことを、その地点への台風の接近とされている。台風は南方から時計回りのコースで来襲するので、西日本の太平洋岸には本土上陸台風の大部分が接近している。同じ緯度でみると、太平洋側と日本海側とで頻度にほとんど差はなく、南ほど接近が多いという単純な分布を示す（**図27**）。台風の勢力は北に向かうにつれ衰えるので、台風の実質の加害作用力にはこの頻度よりも大きな差がある。地表の凹凸の大きい内陸では風は大きな抵抗を受けるので、風速は低下する。風が強くなる海岸に比べ山地内の盆地では、最大風速がおよそ半分程度に低下する。

第4章 国土の災害自然環境 51

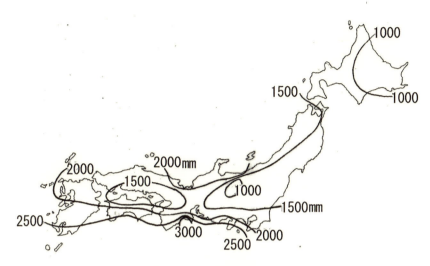

図26 年平均降水量の分布

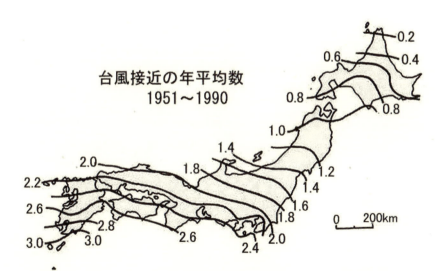

図27 台風接近の頻度分布
(大西, 1992による)

4.2　土地素因

(a)　地形・地盤条件

　土地素因とは地形や表層地盤などの土地の素質をいう。地表面の形である地形は、地表下にある地盤に比べ捉えるのが容易であり、また、それぞれの場所で起こる災害の種類・危険度と密接に関わっているので、ここでは主に地形について説明する。

　地形の種類は、地表の形状、起伏の大小、海抜高・比高、位置、構成物質(地質)などに基づいて分類される。地形はごく身近な存在ということから、その名称には一般的に使われるものが多い。たとえば、標高と起伏の大きい波状地を山地、河や海から一段高いところにある卓状の地形を台地、河口付近に土砂が堆積してできた低い平坦地は三角州、などである。尾根、谷、崖、砂州といったような小さな地形もあり、そのスケールは大小さまざまである。主な平野地形の概念図を図28に示した。

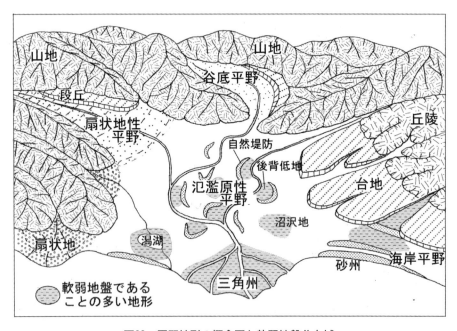

図28　平野地形の概念図と軟弱地盤分布域

第4章　国土の災害自然環境　53

　この地形は、地殻変動、火山活動、地表流水、地下水、風、波浪、氷河などによって、地表を構成する物質が侵食・運搬され、あるいは地表面が変形を受けることによってつくられ、また今後も引き続き変化していく性質のものである。これらの自然の力（地形作用力という）は、大雨、台風、地震、火山噴火などいわば災害時に強く働いて、地形を大きく変化させる。たとえば、大雨時には山崩れや土石流が起こって、多量の土砂の移動が生じる。河川の洪水流は山地内の土砂を運搬して、平野内や河口部に堆積させる。台風による高波は砂浜の地形を大きく変える。強い地震は地表に断層ずれを起こし、また、山崩れや土石流によって山の形を一変させたりする。火山の噴火は火山灰堆積、火砕流、溶岩流などいろいろな様式で噴出物質を移動させるなどが挙げられる。

　このように地形はいわば災害の繰返しによってつくり上げられてきたものである。したがって、現在の地形とそれを構成する地層から、過去の災害の履歴を知ることができる。また現在の地形は、今後起こる災害の危険度や危険域のおおよそを決めている。水は地表の傾斜や起伏の配列に従って流れてより低いところに滞留する。土砂もまた重力の傾斜方向成分すなわち地表の傾斜に支配されて運動する。種々の地形作用力によってつくられた地形は、それぞれ特有な地層の性質を持っており、地震時の揺れ増幅の程度に関わっている地表の傾斜や起伏、海や河からの比高といった地形の基本的な性質は、目で見るだけでもそのおおよそを知ることができるので、災害危険性を判断する簡易で実用的な手がかりとして役立つ。

⒝　地形の種類と災害危険性

　地形と地盤条件との対応関係および地形と災害の種類・危険度との関係を**表2**に示した。山地・丘陵地は山崩れ・土石流などの土砂移動によって基本形がつくられた地形で、当然に土砂災害の危険が大きい。山麓地（扇状地が代表地形）や山地内谷底低地（大きなものは盆地とよばれる）は、勾配が大きいために破壊力の大きい、激しい洪水および土石流が発生する場所である。その地層は主として砂礫からなり基盤岩が浅くにあるので、地盤は良好である。

表2 地形と地盤条件・災害種類との関係

地形区分	地質・地盤条件	災害	危険の大きい場所
山地・丘陵地	固結岩	斜面崩壊・地すべり 土石流	急傾斜山腹斜面谷型斜面, 谷底
山麓地	砂礫・岩屑	土石流山地洪水	現成の扇状地面 開析谷底
台地・段丘	締った砂泥層, 砂礫層	湛水	台地面上の凹地
谷底低地	砂礫(山地内) 泥質(台地内)	山地洪水 内水氾濫, 強震動	急勾配谷底面 旧池沼
扇状地性平野 (緩扇状地)	砂質層	河川洪水	旧流路
氾濫原性平野	砂層, 泥層	強震動・液状化 河川洪水, 内水氾濫	後背低地, 旧河道埋立地
三角州性平野	締りの緩い砂泥層	強震動・液状化 高潮, 河川洪水	ゼロメートル地帯 干拓地
海岸低地	締りの緩い砂層 泥質層	津波, 高潮 内水氾濫	潟性低地, 堤間低地 沿岸埋立地

　台地は河川や海岸の低地よりも一段と高いテーブル状の地形で、表面はほぼ平坦である。日本の台地の多くは、10万年前ごろのデルタや浅海底が陸化してできた洪積台地であり、よく締った砂泥層からなる。この台地面は、河川の氾濫水や高潮・津波の浸水を受けるおそれはなく、ほぼ平らなため土砂災害は起こり得ず、また、地盤は低地に比べより硬くて地震の揺れは大きくはならないので、総合的にみて災害の危険が最も小さい地形である。山地・丘陵は一般に岩盤からなるので、緩起伏の山頂・山稜部や人工平坦化地では比較的に危険が小さい。緩起伏域が広い山地には阿武隈山地・中国山地がある。関東地方では多摩丘陵北部から三浦半島に至る丘陵地や房総丘陵北部に、緩起伏の丘陵地形が分布する。

　日本の平野は河川が土砂を運び堆積してつくった沖積平野で、今後も洪水氾濫を受ける可能性のある低地である。一般に上流から扇状地性平野、氾濫原性平野、三角州性平野の順に並び、この順に勾配は緩やかになり、構成物質は礫から砂次いで泥と細かくなる。扇状地性平野は、河川が山地から開けた平野に流れ出るところに砂礫が堆積した地形で、等高線は半開きの扇のように描かれる。勾配が大きいので河道沿いの凹地では激しい流

れの洪水が起こるおそれがある。氾濫原性平野は、河川が氾濫を繰り返し、流路を変え、土砂を堆積してつくりあげた平野主部である。勾配は緩やかで、1/1000〜1/3000程度である。平野内には、洪水時に砂質物が河岸に堆積してできたやや高い自然堤防（比高が0.5〜3m程度）、最近まで河道であった溝状凹地の旧河道、浅い皿状の凹地で一般に泥質の後背低地があり、小さな起伏を示す。洪水の流動方向と浸水域は、これらの微起伏の配列と平野の全体としての傾斜方向によって決められる。

　三角州は、河が海に流入し運搬土砂が海の作用下で堆積してできた地形で、沖に向かって開いた三角形（あるいは扇形）のような形になるのでこの名がつけられている。河流は、合流ではなくて分流し、その間に州がある。海面とほぼ同じ高さの低い平らな土地であり、河水および海水の浸水を被りやすい排水条件の悪い地形である。この土地はまた地盤沈下の起きやすい場所でもあり、これによって水害の危険が一層増す。地層は締りの非常に緩い砂泥層であり、その厚さは一般に大きいので、地震動が増幅されて強い揺れとなりやすい。三角州の海側には、潮の満ち引きによって水面上に出たり水面下になったりする干潟がある。これを堤防で締め切って陸地にしたのが干拓地である。これは言うまでもなく最も低湿な土地であり、また、地盤も非常に悪い。

　河川がほとんど流れ込んでいない海岸に、主として沿岸流によって運ばれてきた砂が堆積してできたのが、典型的な海岸平野である。ここには砂丘や砂州が海岸線に平行して発達することが多いが、これらは陸地を閉ざして内陸に排水の悪い低湿地を出現させる。入り海が閉ざされた場合には潟ができ、これが陸化した凹地は浸水の危険が最も大きく地盤も悪い。地震動の増幅が大きい軟弱地盤が分布する地形は図28中に示した。

　人命への危害力が大きく、かつその作用域が地形からかなり限定できる災害には、斜面崩壊、土石流、高潮、津波、山地河川洪水（流れの力が大きい洪水）が挙げられる。崩壊土砂の到達範囲すなわち危険域は、崖斜面の下端からの距離がその高さの2倍程度の範囲内に限定できる。土石流の直撃危険域は、山地内谷底およびその出口にある扇状地で、勾配がおよそ2°までの範囲である。高潮の到達危険域は、海抜高3m程度以下の三角州・

海岸低地で、非常に緩やかな三角州では海岸からおよそ 4km の範囲に限ることができる。津波の到達域は標高 20m 程度までの海岸低地とするのが安全を見込んだ対応になる。ただし勾配の緩やかな低地では海岸からの距離が 2km ほどの範囲に限られる。建物を押し流すほどの激しい洪水が起きるのは、山地内の狭い谷底低地の勾配およそ 1/300 よりも急なところである。ただしこれら危険域の限界をはっきりと区切るのは難しい場合が多く、必要に応じある大きさの安全率を見込む必要がある。

4.3 都市立地の土地条件

繰り返し述べるように、台地は災害の危険が総合的にみて最も小さい地形である。しかし、台地は生活用あるいは農業用の水が得にくいなどの理由で開発利用が遅く、昔から都市・集落の立地は低地が主であった。水が得やすい、風を避ける、耕地を確保するなどの理由で、台地・山地の崖斜面を背にして、低地際に家並みが並ぶ集落は全国的にみられる。しかし現在ではこのような利用上の制約はほとんどなく、安全面からみれば台地面の利用が最も望ましいであろう。高燥な扇状地平野や緩起伏の丘陵地も比較的に安全な地形である。日本は狭い山国で土地を選ぶ余地がない、という言葉はよく聞くが、果たしてそうであろうか。

日本の国土の地形別面積（国土統計要覧による）は、台地が 41,471km² で全体の 11%、低地が 14%、丘陵地は 12% を占め、台地は低地に近い面積がある（**表3**）。関東地方についてみると、台地の面積は 8,211km² で 25% をも

表3　地形別面積　　(国土統計要覧による)

	台地	丘陵地	低地	山地	内水域等	計
全国	41,471 (11.0)	44,337	51,963	230,331	9,232	377,334
関東地方	8,211 (25.4)	3,661	6,699	13,080	679	32,330
東京都	629 (32.9)	164	274	848	246	1,914
千葉県	1,670 (32.6)	1,575	1,452	388	42	5,127
埼玉県	900 (24.0)	232	1,414	1,230	20	3,796
大阪府	2 (0.1)	212	610	706	334	1,864

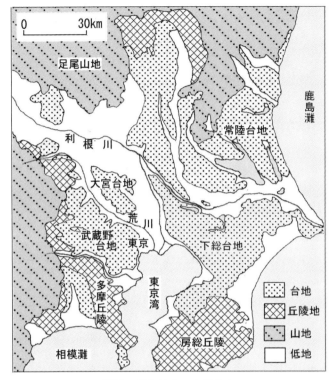

図29　関東地方の台地分布

占め、低地の 22％を超える（図29）。台地面積比率が全国一であるのは茨城県で、37％である。

　一方、日本全体の市街地面積はおよそ 1 万 km^2、利用形態別土地面積（総務省資料による）における宅地は 1.6 万 km^2 で、これに道路・公園等の面積を加えても、台地面積を大きく下回る。東京区部（ほぼ完全に市街地）の面積は 620km^2 で、これは東京都全域の台地面積とほとんど同じ、関東地方の台地面積の 8％である。土地所有権など社会的な制約条件は別として、単に自然の地形条件だけで考えれば、台地のようなより安全な土地に日本の市街地全体を収容する余地は完全にある。産業分野や施設によっては、海岸低地や河川低地への立地が避け得ないので、すべて台地に立地せよというのでは決してない。台地のような地形がほとんどない地域はあるが、そこでは大きな市街を展開させる自然条件が備わっていないのであり、

危険な海岸低地などに立地するのは当然であるということにはならない。

つぎにリスク評価の対象とした日本の主要都市の立地条件をみてみる。市街地全域が高い台地面に位置する大きな都市に相模原 (人口 18 位) があり、リスク指数は都市規模のわりにはきわめて小さい。さいたま市 (人口 9 位) も台地域に展開していてリスク小の都市である。内陸域では、段丘化していて比較的安全な扇状地面上に市街地主部が立地する都市がかなりある。山形・盛岡・長野・宇都宮・奈良・旭川などがそれである。台地と低地にまたがっている都市には、釧路・仙台・東京・千葉・名古屋・浜松などがある。東京は台地面積がもっとも広い都市である。横浜・名古屋・仙台は丘陵にも市街が広がっている。地形・地質条件だけからみると、広島は総ての災害について非常に悪い条件にある。大陸諸国では、ロンドン・パリ・ベルリン・モスクワ・マドリッドなど、緩やかな起伏を示す丘陵内の盆状地に展開している首都が多い。

第5章　主要都市の土地環境と自然災害リスク

　東京の自然災害リスクは巨大であるが、大阪をはじめとする他の大都市や地方中核都市も災害リスクは非常に大きくて、立地の問題が多かれ少なかれ問われる。高リスク都市の大部分は、図10に示すように、太平洋南岸の沿岸部に位置している。これらのうちの主要8都市について、都市の形成・発展の経緯、地形・地質など土地条件、災害の履歴と被災域、対策の概要などを整理して示す。どのような経緯でその地に街が誕生し開発が進められてきたかは、災害危険性を基本的に決めた要因であり、過去の災害履歴と被害の規模は、危険地と危険の大きさをリアルに示すという点で、それぞれ自然災害リスクを検討する上で重要な要素だ。全般に、市街が丘陵地・山地や沿岸低地・埋立地に進出していて、災害リスクは増大しつつある。これはその地への都市収容が限界近くに達していることを示すものかもしれない。なおここでは、各都市の中心市街とその周辺域を対象にしており、行政界を越えて近隣の市町村も含めている場合がある.

5.1　大阪－大きな高潮が最も頻繁に生じている湾奥低地

　大阪圏の自然災害リスクは東京圏の約3分の2で、世界で2番目の大きさである。面積・人口はおよそ3分の1であるから、実質的な危険の程度は東京の2倍ちかくも大きいことになる。この主因は、台地の占める割合がおよそ15%でそれ以外は沖積低地からなること、および大阪市街中央を活動度の高い活断層が走っていることによる。

(a) 地域災害環境

大阪湾および大阪平野は、長径約 90km の長円状の沈降域に形成された構造盆地である。周囲は六甲・淡路・和泉・生駒などの断層山地で取り囲まれ、盆地縁辺のほぼ全周には六甲断層・生駒断層などの活断層帯が走っている。この沈降域の東半部を盆地外部から流入する淀川および周辺山地の河川が運ぶ土砂が埋め立てて出現した陸域が、大阪平野である。堆積した沖積層の厚さは、海岸部でも 30m 程度、大阪湾中央で最大 35m 程度とさほど厚くはない。

平野中央には東西方向の圧縮力により形成された南北に伸びる隆起帯があり、その頂部は南から大きく突き出た細長い台地（上町台地）をつくっている。台地の北にはかつての湾口を閉ざすように発達した砂州（天満砂州・吹田砂州）が続く。標高は台地が 15 〜 20m、砂州が 3 〜 6m である。大阪平野はこの台地と砂州により、内陸部の河内低地と海岸側の大阪低地とに分けられている（図 30）。

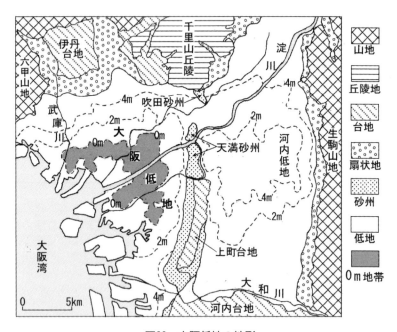

図30　大阪低地の地形

気候温暖であった縄文時代前期には、海面は現在よりもやや高かったので、河内低地には海が進入していた。約6千年前のピーク時に海岸線は、およそ海抜5m等高線の位置にあり、大阪平野はほぼ全域が海であった。花崗岩で構成される六甲山地および和泉山地が供給する多量の砂は沿岸流に運ばれて、河内湾の湾口や上町台地の西縁に砂州を形成した。台地北端から伸びる天満砂州の先端近くには、1,600年前ごろの洪水時に決壊して水路がつくられていたが、仁徳天皇の時代に人工的に拡げられて淀川の水も流す水路となった。

　かつての淀川上流域には、琵琶湖のある近江盆地、京都・山城盆地および奈良盆地があり、運搬土砂の多くがそこで堆積するので、下流部にまで運ばれる土砂は多くはなかった。このため河内湾の埋め立ての進行は遅く、飛鳥・奈良時代になっても広い水域が難波潟として残っていた。大阪湾側では上町台地縁辺の砂州群と北部の武庫川・猪名川の扇状地性低地の前面に、「難波八十島」とよばれた多数の砂州が分布する広い干潟が広がっていた。

　ここは西国や大陸と畿内とをつなぐ交通の要衝で、上町台地先端部の沿岸には難波津の湊がおかれた。台地上には応神帝・仁徳帝などの難波宮が次々と造営され、政治・経済・文化の中心地となっていた。市街地は台地上から砂州へと次第に拡大して、現在も大阪の中心部となっている。江戸時代に入ってから干潟の干拓による新田開発が積極的に進められて、海岸線は200年の間に4kmほども前進した。この干拓地起源の陸域は海面近い標高の非常に低いデルタである。明治になってからはさらに海岸側に埋立・盛土によりやや高い標高の人工造成地がつくられ、臨海工業地帯が展開している。

　このように大阪低地の大部分は、最近の数百年以降につくられた新しい土地で、標高はほぼ3m以下、周辺の砂州部で3〜6mほどである。低地中央には地盤沈下により出現した広いゼロメートル地帯（標高0m以下の陸地）がある。新しい海岸埋立地は標高3〜6mほどであるが、内陸部の古いものは地盤沈下も加わって標高1〜2mとより低くなっている。

　地盤沈下は昭和初期から始まり、大阪平野内の低地部全域で生じた。1935年〜1999年の間における沈下量は、大阪低地の全域で1.5m以上、淀

川河口部で最大の 3m に達した。これにより低地中央部（かつての干潟干拓地）に 35km² のゼロメートル地帯が、平均満潮位（海抜高 0.9m）以下の土地 64km² が出現した。淀川河口部左岸（南側）には標高 -2.6m という最も低い場所がある。1960 年以降沈下の中心は内陸に移り、河内低地の中央では累計沈下量が 1.1m を示している。この地盤沈下は臨海部で高潮の、内陸部では内水氾濫の危険を大きくしている。

(b) 高潮災害

大阪湾沿岸では、日本で最も頻繁に大きな高潮が発生している。これは大阪湾が南西方向に開いた奥深くて水深の浅い湾であることによる。水深は湾の北半部で 20m 以下と浅く、海底は非常に平坦である。1945 〜 1999 年の期間に 2m 以上の最大潮位偏差（天文潮分を引いた潮位）を示した高潮の発生回数は、大阪湾 4、伊勢湾 2、有明海 1、土佐湾 1、周防灘 1 である。大きな高潮災害としては、1934 年室戸台風、1950 年ジェーン台風、1961 年第二室戸台風によるものが挙げられる。

1934 年室戸台風は観測史上最強の勢力をもって来襲し、高潮および強風により全国の死者 3,066 人、流失・全壊家屋 4.3 万戸などの大きな被害を引き起こした。台風は西方を高速で北東進したため、大阪湾では最高潮位 3.2m（T.P. とよばれる東京湾平均海面からの高さ）の高潮が発生した。高潮海水は大阪低地に進入し、大阪市の 20%（浸水家屋 17 万戸）、堺市の 30%、尼崎市の 40% が浸水した。浸水域の面積は 75km²、最大浸水深は 3m を超えた。浸水域の大部分は中世以降の干拓地である。この高潮による死者はおよそ 1,900 人で、これ以外は大部分が強風によるものであった。この当時まだ台風観測および情報伝達の体制は不備であり、ほとんど不意打ちの状態であったため、大きな人的被害となった。高潮被害は地盤沈下域で甚だしかったことから、災害後に地盤沈下の機構が調べられ、工業用地下水の多量汲み上げによる帯水層の圧密沈下が原因であることが明らかにされたが、軍需生産優先のなかで揚水制限などは行われなかった。

1950 年ジェーン台風は大阪湾の西方を高速で進行して、最高潮位 2.6m の高潮を引き起こした。これはほぼ干潮時であったが、もし満潮であれ

ばさらに 0.5m ほど高くなったはずである。潮位は室戸台風時に比べかなり低かったものの、浸水面積は 90km^2 と室戸台風のそれを上回った（図31）。これは戦前・戦中における地盤沈下の進行により標高の低い土地が拡大していたためである。室戸台風時以降における沈下量は沿岸部で 1m に達していた。工業地帯が広がる淀川北岸域では地盤沈下がとくに激しかったので、浸水面積は室戸台風の 1.5 倍にもなった。尼崎市・西宮市の被害は、流失・全壊家屋 937 戸、浸水家屋 38,250 戸で、室戸台風のおよそ 2.5 倍大きいものであった。しかし死者は 31 人と 1/5 であった。

　大阪府の被害でみても、死者数は室戸台風 1,812 人に対しジェーン台風 240 人と 1/7 以下に大きく減少している（浸水家屋数では 1/2）。この人的被害減少には、台風予報の精度向上、当日は休日で沿岸工場地帯に人が少なかったこと、昼という時間帯であったこと、などが関わっている。戦後、米空軍による観測データが気象庁にも提供されるようになり、台風の観測と予報の精度は格段に向上し、室戸台風のような不意打ちはほとんどなく

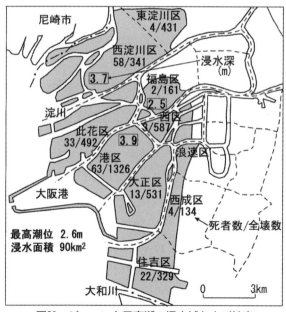

図31　ジェーン台風高潮の浸水域および被害
（大阪府・大阪市, 1960）

なった。

1961 年第二室戸台風は戦後最大の勢力を示した台風で、室戸台風とほとんど同じコースをとって近畿地方を襲った。大阪港では最高潮位 3.0m の高潮が 14 時ごろに発生し、大阪市中心部など 48km² が浸水した。市内の小河川・水路を高潮が遡上して内陸で氾濫した場合が大部分で、浸水域は室戸台風のときよりも内陸域に拡大した。ジェーン台風後、総延長 124km に及ぶ防潮堤がつくられていたが、昭和 30 年代になってさらに加速した地盤沈下により計画の高さ以下になっていたところが多く、河川堤防の各所で越流氾濫が生じた。ジェーン台風以降の地盤沈下は、最大で 1m 近いものであった。防潮堤は重量が大きいので沈下が激しく起こりやすい。地下水の揚水規制により地盤沈下が停止し始めたのは第二室戸台風後の 1962 年ごろからであった。この台風以降における地盤沈下は最大 0.5m ほどで、現在ではさらに地盤が低くなっていることになる。

第二室戸台風は巨大な勢力をもっていたものの、死者数は総計 202 人であり、この大部分は強風によるものであった。大阪市の高潮により浸水した区における死者は 4 人と少なかった。テレビというこれまでにない効果的な情報伝達手段を通じて、巨大台風の情報の伝達と警戒・避難の呼びかけが前日から継続的に行われたこと、および同じような土地環境にある名古屋における 2 年前の伊勢湾大高潮災害のいまだ生々しい記憶が多数市民の避難を促進させたことが、人的被害減少に寄与したと考えられる。その基礎には室戸台風・ジェーン台風などの直接の被災経験による土地の危険性の認識がある。災害経験は避難を促進する最大の要因であるが、この効果は風化しやすく、また、直前にあった軽微な被災の経験は、危険の判断をかえって甘くするという面もある。

第二室戸台風後の 1962 年から緊急に堤防高を最大 1.2m かさ上げするなどの工事が行われ、1965 年に完了した。1964 年 20 号台風では最高潮位 2.6m（尼崎）とジェーン台風を上回ったものの、大阪・兵庫の両県被害は死者 6 人、住家浸水 26,425 棟など、ジェーン台風よりも 1 桁小さいものであり、被害の大部分は神戸市と西宮市で生じた。1965 年の 23 号台風は最大偏差 2.3m（西宮）の大きな高潮を引き起こしたが、幸い干潮時であったので最大

潮位は 1.9m と低く、大阪湾での被害は軽微であった。

　高潮対策の中心は防潮堤の建造である。しかし大都市の市街地では小河川や水路を遡上する高潮の防御が難問になる。既存の堤防を高くすると非常に多数ある橋・道路のかさ上げが必要になるからである。このため大阪では、河口近くに防潮水門をつくり高潮はそこで停めるという方式をとっている。そのほか、上流からの洪水はポンプ排水し、大きな水門は船の航行のためにアーチ型にしている。こうして海岸部の防潮堤の高さは最大でT.P.6.8m であるのに対し、水門の内側の堤防高はこれよりも 2.3m 低くしている。防潮堤の大半はコンクリートや鋼矢板の壁であり、壁面 1 枚で高潮を防いでいることになる。このように大阪低地の高潮対策は、防潮水門の機能に依存しているというかなり脆弱な防御態勢にある。

(C)　淀川の洪水

　淀川の治水工事は、仁徳天皇の時代 (およそ 1600 年前) と伝えられる茨田堤の築堤や難波堀江の開削にさかのぼるという最古の歴史をもち、水害を防ぎ舟運を確保するために、長年にわたって努力が積み重ねられてきた。その基本方針は難波 (大阪) 中心部の洪水を防ぐということにあり、淀川左岸堤防を右岸より高くして洪水を右岸に溢れさせるという豊臣秀吉による文禄堤築造 (1596 年)、河川流路を短くして排水を促進する目的の安治川開削 (1684 年)、河道付替えにより淀川本流の流量を低減させる大和川付替え (1704 年) などが、近世以前における代表的な河川工事として挙げられる。奈良盆地から流れ出し河内低地を経て淀川に合流していた大和川の流路を、上町台地南部の開削により直接大阪湾に流入させる付替え工事では、1000km^2 の流域が淀川から切り離された。

　河口部デルタ域で淀川は大きく 3 本の河に分流して大阪湾に注いでいるが、明治に入って 1885 年、1889 年、1896 年など大きな洪水が続いたことをうけて、中央の中津川流路を利用した幅広い放水路を開削し、1910 年に新淀川として完成した。淀川上流の琵琶湖およびその流域は 3,800km^2 と淀川全流域の半分近くを占め、淀川の洪水に与える琵琶湖の影響は大きい。この湖水が流出する瀬田川に堰 (南郷洗堰) を設置して下流への洪水流

出を調節する工事も行われ、1904年に完了した。堰の設置、とくにその高さは、上下流の利害が完全に相反するという問題を引き起こす。

1885年(明治18年)の洪水は河川法制定の契機となったという大きな災害を引き起こした。淀川堤防は天満砂州の上流15km地点で左岸堤(枚方市)が破堤し、大阪市内の大半など160km²が浸水した。被害は死者100人、浸水戸数7.6万戸などであった。最大流量の記録を更新する大きな洪水はその後も続いた。1917年洪水および1938年洪水は最大流量が約7,000m³/sと1885年を1,500m³/sも上回る規模であった(いずれも上中流で氾濫しなかったとした場合の下流部における推定流量)。1953年台風13号の洪水はさらに大きく推定流量8,650m³/sで、大阪府(主として河内低地)の浸水戸数は16.3万戸にもなった。

治水計画の基本となる計画高水位(堤防が耐えられる上限の水位)は、1938年洪水に基づき決められた値が現在も維持されたままである。計画高水位を上げると橋の架け替えなどが必要となり影響が大きすぎるので、代わって、上流ダム群による調節および河道内水路の幅拡大による流下能力増大という対策が採られている。この対策では、上流部での氾濫による下流部でのピーク時流量の低下を前提にしているようである。淀川には宇治川・木津川・桂川の三大支流があり、山崎の狭さく部直上流でこれらが合流して大阪平野に流入している(図32)。この3川の出水が重なると大阪平野で大きな洪水が生じるおそれがある。なお、河内低地では地盤沈下および都市化により、内水氾濫の危険が大きいものになっている。

(d) 地震活動

中央構造線の南を除く近畿地方は、活断層が日本で最も密に分布する地域である。その大部分は山地内あるいは山地縁辺を走っているが、上町断層は例外的で大阪平野内を南北に伸び、しかも大阪中心部を貫いている(図33)。日本の大きな都市でこのようなところは他に見当たらない。したがって、この断層が活動した場合の被害はとくに大きなものになる恐れがあり、死者4.2万人、全壊97万棟(首都直下地震の2.5倍)という被害想定もなされている。

第5章 主要都市の土地環境と自然災害リスク 67

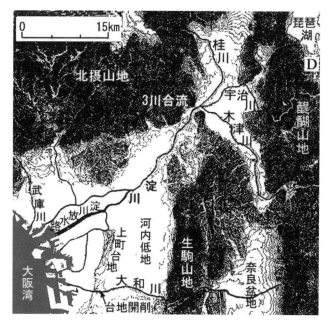

図32 淀川の水系

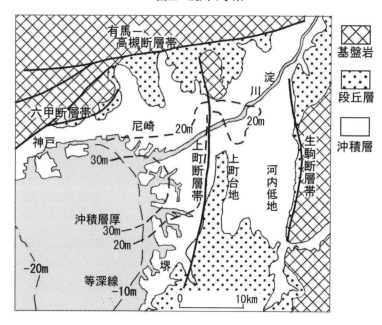

図33 大阪周辺域の地質条件と活断層

上町断層は豊中市から大阪市を経て岸和田市に至る全長42kmの断層群である。この全体が一度に活動した場合のマグニチュードは7.5と推定されている。その平均活動間隔は8,000年程度で、最新活動時期は約2,800年前～9,000年前とかなりの幅があり、これに基づいて求められた地震発生確率は30年以内に2～3%とされている。この確率は日本の主要活断層の中では高いグループに属するものである。周辺域にある有馬－高槻断層帯および生駒断層帯が30年以内に活動する確率は0～0.1%、六甲断層帯は0～0.9%とかなり小さい。

一般に大河川デルタの沖積層は厚く軟弱であるが、ここ大阪低地ではほぼ20m～30mとさほど厚くはなく、また上部にやや締った砂質層が多くて、地盤条件はとくに悪い部類には入らない。しかし、上町断層が活動した場合、大阪低地では震度7の激しい揺れが起こると予想される。砂質であるため液状化の危険が高く、1995年兵庫県南部地震では震度5であったが液状化が低地内各所で起こった。南海トラフの巨大地震(M9.0)による津波の高さは、大阪港において最大4～5mと想定されている。大阪湾は南出口の紀淡海峡が狭いので、津波はあまり高くはならない。

5.2 横浜－土地環境の悪い僻地を選定して開港された港湾地区

(a) 地域の形成

横浜は人口が380万人という東京に次ぐ大都市である。市域は当初の東京湾岸低地から丘陵地・台地に向け拡大し、現在では東京のベッドタウンともなって、多くの人口を擁している。海岸線は全面的に埋め立てられ、工業地帯が展開している。しかしこの地は何といってもよく知られた「みなとヨコハマ」であって、横浜港の周辺地区が市の中心である。

現在中心市街が展開する大岡川低地は、中世までは干潟の広がる浅い入江で、湾口には南の本牧台地から伸びる砂嘴(横浜砂州)が入江を半ば閉ざしていた。1600年代になって新田開発のために干潟の干拓が進められ、幕末には砂州背後の一部を除き入江のほぼ全域が干拓地になっていた。横浜砂州には半農半漁の横浜村があり、1800年代半ばにおける戸数は100戸

たらずの小村であった。北にある帷子川の入江（神奈川湊）をへだてた対岸には、東海道の神奈川宿があり、ここが地域の中心となっていた。

1853年にペリーが来航し、欧米諸国との修好条約が順次締結され、「神奈川」を開港するよう定められた。しかし幕府は東海道筋から離れた交通不便な横浜砂州を開港地と一方的に決め、波止場・税関・外国人居留地などの建設を進めて、1859年に横浜港として開港させた。ビジネスチャンスを求める欧米の貿易商たちはすぐさまこの地に集まり、たちまち外国商館などが建ち並んで、国際貿易都市が出現した。開港から30年後の明治22年に、横浜港周辺地区 5.4km² が横浜市とされたときの人口は12.2万人にも増大していた。

明治初期の横浜の様子がわかる明治15年発行の地形図（図34）では、水路で隔離されている関内地区（貿易港湾関係区域）は建物および洋式公園で埋められており、隣接する大岡川低地や本牧台地にも市街地・住宅地がかなり広がっているのが見てとれる。JR横浜駅付近はこの当時入江になっ

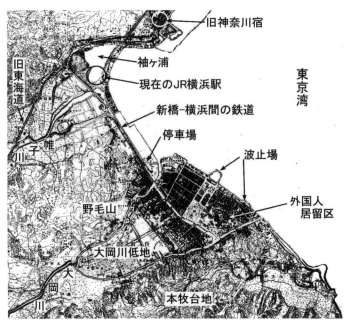

図34　横浜の明治15年（1882年）地形図

ており、明治5年開通の新橋・横浜間の鉄道はそれを閉ざす砂州の上を通じていた。

　僻地に立地させられたこの港町は、潟性の狭い谷底低地と起伏がかなりある丘陵状の台地にしか街展開の余地はないので、生い立ちから災害に弱いという宿命をもっていた。横浜の市域は現在では、周辺地区との合併を続けて、市制発足当時の80倍もの面積になっている。その3分の2は多摩丘陵南部および三浦丘陵北部に位置する。このように市域の大半が丘陵地である大きな都市は、日本では他にない。丘陵地では、市街化が進んだ場合、豪雨時に斜面崩壊や流れの激しい降雨流出による災害が起こる危険がある。

(b)　**地形・地盤条件**

　横浜中心地区の地形は、下末吉台地、台地内の谷底低地および海岸低地からなる（図35）。下末吉台地は、多摩丘陵の南東部に接続して川崎から横浜にかけ分布する起伏のかなり大きい台地である。これは12～13万年前

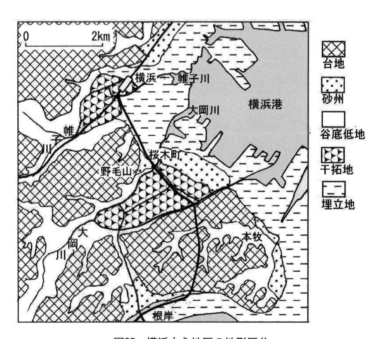

図35　横浜中心地区の地形区分

に海面が現在よりも 10m ほど高かったときの浅海底堆積面が陸化した地形で、下末吉ローム以降の新しい火山灰で厚く覆われている。火山灰の給源であった箱根・富士火山に近いので、その厚さは 20m ほどもある。このため台地面の標高は 40 〜 50m と、関東の他地域に分布する下末吉面相当の台地に比べかなり高くなっている。多摩丘陵とあまり違いのない起伏を示し、平坦面がほとんどみられないのは、侵食されやすい火山灰層が厚く、また標高がより大きいために流水による谷の侵食がより速く進んだためと考えられる。地形だけからみれば丘陵に近い起伏を示し、台地とは表現されるものの土砂災害の危険がかなりある地形である。

　台地を刻む大きな川には大岡川と帷子川とがあり、幅 2km ほどの低平な谷底低地をつくって横浜港に注いでいる。その下流部は近年まで入海であった低湿地で、現在は干拓・埋立が行われている。帷子川低地では明治 15 年当時にも、まだ海がかなり奥深くまで入っていた。干拓は徳川時代になってから行われ、それを実施した人物の名前が、吉田・高島などの地名として残っている。干拓地は全面に盛土が行われていて、現在の標高は 2m ほどである。

　東京湾に面する谷の出口には、海抜高 2m 前後の砂州が発達している。これは海面上昇期に出現した入江の湾口を閉ざすように沿岸流の運搬砂が堆積した地形である。東海道・神奈川宿はこの砂州上に位置していた。明治以降になって、砂州や干拓地の沖合いに埋立地がつくられ、現在では海岸線が 1 〜 2km 前進している。この埋立地面積は 32km^2、海抜高は 3m 前後である。

　台地の地層は、上から厚さ 15 〜 20m の関東ローム層、5m 前後の下末吉層、基盤となる三浦層とからなる。関東ローム層はおよそ 2 〜 10 万年前に、箱根火山・富士火山から飛来し堆積した火山灰・軽石が風化したものである。ローム層中には厚さ 30cm ほどの黄橙色の粘土層が挟まっている。これは約 6 万年前に箱根火山が巨大噴火を起こしたときに飛来した軽石が粘土化したものである。このとき生じた大規模な火砕流は横浜西部にまで達した。下末吉層は、12 〜 13 万年前の海面上昇期に、浅海底に堆積した砂礫層であり、この平坦な堆積面が台地の原型になっている。

谷底低地や海岸低地には軟弱な沖積層が分布する。氷河期の海面低下により形成された谷が、その後の海面上昇により入海となり、そこを埋めた地層が沖積層の主要部である。その厚さは谷の削りこみの深さによって決まる。

大岡川および帷子川の低地の地下には急な谷壁をもつ深い谷があり、沖積層の厚さは最大で50mに達する（図36）。河川流域の規模からみて、この掘りこみの深さはかなり大きなものである。横浜砂堆上のA地点では、表層に5mを超える厚い埋立土と厚さ7mの砂堆構成層があり、その下には−50mの深さにまでN値ほぼ10以下のシルト・粘土層がある。より内陸の谷底低地では、沖積層のN値は0近いという軟弱さを示す。表層には干拓後の埋立土が2〜5mあり、標高は2mほどになっている。帷子川低地でもほぼ同じような地層構成を示す。

氷河期には東京湾は陸化してその中央を利根川（古東京川）が流れていたが、その掘り込みの深さは横浜沖において100mほどであった。このため支流の大岡川・帷子川などの河床勾配は大きくなったので、侵食力も大きくなって、小さな川のわりには深い掘り込みを行い、沖積層が厚くなった。沖積層が厚いほど地盤条件は悪くなり、地震による被害が大きくなる。

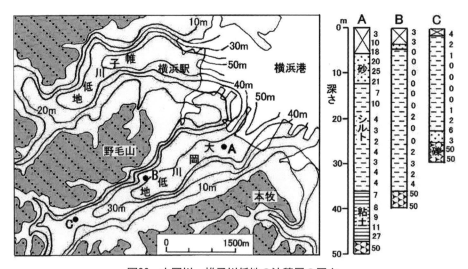

図36　大岡川・帷子川低地の沖積層の厚さ

(C) 地震災害

　横浜に被害を及ぼす地震には、相模トラフにおけるプレート境界地震と、南関東・伊豆で起こる内陸地震とがある。相模トラフは横浜中心域から最短で 40km しか離れていないので、それが活動した場合には非常に強い揺れをもたらす。震源の浅い内陸地震を起こすおそれのある活断層は、神奈川西部・三浦半島・伊豆半島に分布する。横浜で震度 5 以上を記録した地震は、最近の 100 年間に 7 回、約 15 年に 1 回の頻度で起こっている。震度 6 以上の揺れであったのは 1923 年の関東地震の 1 回である。

　関東地震の震源域は神奈川県東部にまで及び、横浜では直下の地震となったので、被害度では東京を上回るという著しい被害を被った。なお当時の横浜市は、横浜港を取り巻く半ドーナツ形状の範囲で、面積は現在の市域の 8％、人口は 43.9 万人、戸数は 9.9 万戸であった。

　横浜市の死者・行方不明者は 26,623 人、死者率は 6.1％で、東京市の死者率 3％の 2 倍にもなった。東京では火災による死者が大部分であったが、横浜では建物倒壊と火災がそれぞれ半分ほどで、震動による被害も大きかった。建物倒壊と火災が多かった大岡川低地および関内地区（横浜砂州・海岸埋立地）において死者がとくに多く、全体の 90％がこの地区であった。

　住家全壊は 11,615 戸、半壊は 7,992 戸、焼失は 51,719 戸であり、これらの合計は全戸の 71％にもなる。住家の全壊率は 11.7％（震度 6 強相当）で、東京市全体の全壊率およそ 3％（震度 6 弱相当）の約 4 倍であった。

　市街中央部の大岡川低地や帷子川低地では住家全壊率が 80％を超えるところがあった。全壊率が大きいところは、地下に埋没谷があって沖積層が厚いところにあたっている。ここは近世に干拓された土地で、N 値が 0 に近い非常に軟弱な泥質層からなる。地形別の住家全壊率は、台地・丘陵地で 5％程度であったのに対し、谷底低地ではおよそ 40％、沖積層の厚い干拓地・埋立地では 80％を超えた。

　出火総数は 164 で、単位面積あたりでは東京の 2.5 倍であった。大岡川低地では倒壊家屋が多かったので、低地内と周辺域が全面焼失した（**図 37**）。火災旋風は約 30 箇所で発生し、うち 6 箇所が猛烈であったと記録されている。横浜における焼失世帯は 6.3 万で、焼失世帯率 63％は東京市とほぼ

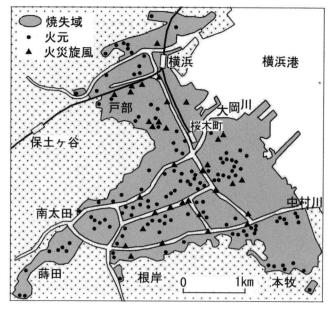

図37 関東大震災による横浜の火災
(内務省, 1926)

同じである。焼失面積はおよそ 10km^2 であり、横浜埠頭に面する中心地区や外国人の住む山手地区にも火災は及んだ。この焼失面積は、外国における最大の地震火災である 1906 年サンフランシスコ大火に匹敵する規模のものであった。火災は外国人居住地区にも及び、在留外国人の死者は約 1,800 人、うち中国人がおよそ 1,500 人であった。崖崩れは市内 73 箇所で発生し、106 棟の建物が埋没・倒壊した。

　相模トラフ北部で起こる大正関東地震タイプの地震は、発生後まだ 95 年ほどなので、ここ当分は起こらないと考えられる。房総南方の相模トラフにおける元禄型地震は、300 年間起こっていないので、その発生が懸念されている。1703 年元禄地震の横浜における震度は 6 強〜 7 であった。横浜市の想定では、火災被害が最大になる冬の 16 時に地震が発生した場合、元禄型関東地震 (震度 6 強以上) の被害は、住家全壊 34,669 棟、焼失 77,700 棟、死者 3,260 人、直接経済被害 11.7 兆円など、東京湾北部における地震による被害は、全壊 4,331 棟、焼失 13,000 棟、死者 160 人などとされてい

る。南海トラフ巨大地震の揺れは 5 強程度で大きな被害は想定されていない。なお、1923 年関東地震時の市域に相当する地区における被害は、これらの 1/3 程度になる。

　近くにある活動的な活断層には、神奈川西部の神縄・国府津－松田断層帯、三浦半島断層群などがある。神縄断層は相模トラフの延長上にある内陸の断層で、今後 30 年以内に地震が発生する確率は 0.2％～ 16％とされている。確率 16％は日本の活断層の中で最大の値である。この断層が全域で活動した場合のマグニチュードは 7.5 であり、横浜中心部からは 40km ほどのところにあるので、最大震度 6 強の揺れが予想される。三浦半島断層群中の武山断層は 30 年確率が 6％～ 11％と高く評価されている。地震の規模は 6.5 程度であるが、距離は 25km ほどと近いので、震度 6 の強い揺れが予想される。

(d)　土砂災害

　中心市街が展開する下末吉台地は開析が進んでいてかなりの起伏があり比高は大きいので、土砂災害の危険が大きい。危険な宅地造成は各所にみられ、危険をさらに大きくしている。土砂災害のリスクは日本の都市の中で上位にランクされる。

　大岡川低地周辺部において 2004 年までの 30 年間に発生した土砂災害個所数はおよそ 300 箇所になる。台地縁辺の崖部だけでなく、台地内部でも多数発生しているが、これは谷の形成がかなり進んでいることを示す。全域に市街化が進み地形改変が行われ排水条件を変化させていることが、災害の件数を多くしている。とくに、宅地造成や道路建設による盛土や切り取りによる人工崖の崩壊が多くみられる。本牧台地では海食による切り立った崖の高さが最大で 50m ほどもあるので、崩壊土の破壊力は強大である。台地構成層は、不透水性の泥岩を基盤とし、その上に透水性の未固結砂礫層およびローム層が載っている。このように性質を異にする地層が重なっているのは崩壊が起きやすい条件である。泥岩層の表面がくぼんでいるところでは、地中水が集中して崩れやすくなる。

　1961 年 6 月の梅雨前線豪雨は、横浜で最大日雨量 213mm、最大 1 時間雨

量58mmを記録し、多数の崖崩れを起こした。横浜全市における崖崩れ数は443、死者21人、家屋全壊50戸であった。この全壊のうちの13は宅地造成が原因であった。横浜中心地区を構成する中・西・神奈川の3区における被害は、死者11人(内宅地造成を原因とするもの9)、家屋全壊9戸であった。

1966年6月の台風4号の大雨は、最大日雨量が256mmと既往第4位を記録し、最大1時間雨量は23mmと小さかったものの、1961年を上回る541件の崖崩れを市全域において発生させた。被害は、死者31人、家屋全壊114棟、半壊183棟などであった。浸水棟数は40,828で、これは市北部の鶴見川の内水氾濫によるものが大部分であった。さほど強くない雨でも多数の崩壊が起こっていることは、地域の災害脆弱性が大きくなっていることを示す。

横浜市の急傾斜地崩壊危険個所数は1,445で、全国でも有数の多さである。図38は大岡川低地周辺部についてこれを示したもので、台地部の大部分が危険地となっており、土砂災害の危険が大きい土地であることをよく示している。

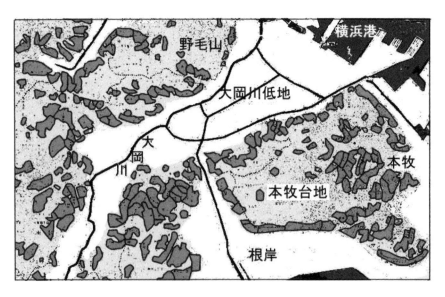

図38　大岡川低地周辺域における急傾斜地崩壊危険箇所

5.3　名古屋－高潮による大災害を被った湾奥の臨海部

(a)　地域の形成

　名古屋は濃尾平野の東南縁に位置し、洪積台地、三角州性低地および小起伏丘陵に市街を展開させている人口230万の大都市である。市中心部は台地（熱田台地）上に立地する。台地は侵食により変形して象のような平面形を示す（図39）。鼻の先にあたる南端には、1900年前の創建とされる熱田神宮がある。ここは中世までは伊勢湾に突き出た岬であったが、その後の干拓・埋立により現在では海岸から4kmもの内陸になっている。

　台地上に比較的大きな集落が出現したのは鎌倉時代で、それ以前の平安時代には藤原氏の荘園であった。室町時代には今川氏により那古屋城がつくられたが、戦国時代に廃城になり、城下は寂れた。

　この地が日本有数の城下町として発展したのは江戸時代に入ってからのことである。1610年に徳川家康は、台地北西端に大きな城を築き、そ

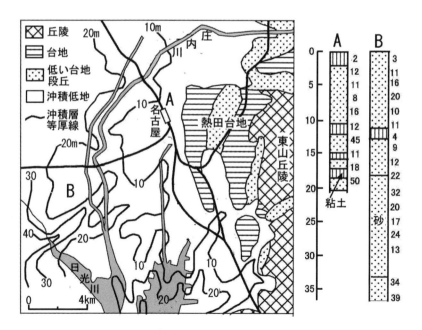

図39　名古屋地域の地形と沖積層厚

の南の台地上に 5km 四方の町を配置して、西国に対する中心拠点とした。ここは交通の要衝にもなって発展し、人口は江戸時代中期には 10 万人に達し、市街は城を囲むようにして庄内川低地にもいくらか進出した。明治後期における人口は約 20 万で、市街の主部はやはり台地上に収まっていた。台地は総合的にみて最も安全な地形である。

　伊勢湾北岸は遠浅で、かつては干潟が大きく広がっていた。これを干拓して水田化する工事が江戸時代初期から行われ、江戸末期には海岸線が 2 〜 3km ほど前進していた。このため熱田の港に代わって新たに名古屋港が築かれ、1907 年 (明治 40 年) に開港した。1900 年代に入ってから、干拓地の先に埋立による土地造成が進められ、海岸線はさらに 1km ほど前進した。この干拓地・埋立地には戦時下の 1940 年ごろから多数の工場がつくられ、市街地化が一気に進展した。市街拡大は戦後もさらに進行して、1959 年大高潮災害の被災につながった。

　1889 年 (明治 22 年) に東海道線が開通し、名古屋駅は台地端から西に 1km 離れた庄内川低地につくられた。当時ここは街はずれの地であり、この後市街が西方の沖積低地に向かって展開する契機となった。沖積低地は水害を受け、また地震の被害が大きくなりやすい地形である。

(b)　地形・地盤条件

　市街地主部が載る熱田台地は、10 数万年ほど前の三角州性堆積層で構成された洪積台地である。標高は東部で 30m 程度、西端で 10m と、西に向け緩やかに傾斜している。この傾斜には、濃尾平野基盤の傾動的沈降が関わっている。傾動運動は西に 25km 離れた養老断層を西縁として生じ、最近 50 万年間における沈降量は 2,000m である。この沈降は濃尾平野に広大なゼロメートル地帯をつくる主因となっている。

　熱田台地西端には比高 10m ほどの直線的な崖があり沖積低地との境をなしている。これはかつての海面上昇期に波浪によって台地が削られてできたもので、地下の浅いところには台地構成層からなる平らな面 (波食台) がある。その上を覆う地層が沖積層であるが、名古屋駅西方においてその厚さは数 m 程度である (図 39)。名古屋市街域における沖積層の厚さは全

般に 10m 程度、最大で 25m ほどで、厚くはない。構成層は砂が大部分であり、N値は 10 〜 20 とやや締っている。

台地中央部には、数 m ほど低い標高の、南北に細長い凹地がある。これはかつて一時期に庄内川が真南に向け流れたときに台地表面が削られてできたものである。沖積層厚の等値線にみられる谷状の湾入から、庄内川がかつていろいろな方向に流れたことがわかる。

沖積低地の地盤高は低く、名古屋市街域ではその半分ほどが海面下のいわゆるゼロメートル地帯になっている。名古屋港周辺では沿岸部埋立地が高く盛土されているので、その内陸のゼロメートル域は凹地状になっている。この海面下の土地は人為による地盤沈下が主因ではない。工業用水の過剰揚水による地盤沈下は昭和 40 年代に激しくなったが、ゼロメートル地帯はすでにそれ以前に広く形成されており、伊勢湾台風災害の被害を大きくする一因となった。1900 年代末までの地盤沈下量の最大は名古屋西部で 1m 程度である。

東部の丘陵は 100 万年ほど前の扇状地・氾濫原堆積層で構成される。標高は 50 〜 100m ほどで、堆積原面がわずかに残る程度に侵食された小起伏の丘陵である。近年の開発・市街化はこの丘陵地に深く及んでおり、豪雨時における土砂災害および局地的に激しい洪水発生の危険性が高まっている。

市域最大の河川は庄内川で、熱田台地の北および西を大きく回りこむようにして流れ、伊勢湾に注いでいる。上流域は瀬戸物で知られる瀬戸市などがある窯業地帯で、かつて薪用に山地樹林が伐採されて禿山の状態になった。このため山地侵食により多量の土砂が流出して河床が上昇し、洪水が頻発した。この対策の一つとして 1787 年 (天明 7 年) に、庄内川の西に新川が開削され、越流堤により庄内川の洪水をここへ分流させるようにした。また、庄内川の左岸 (名古屋側) 堤防をより高くして、名古屋城下を守るようにした。現在、庄内川は日本有数の都市河川となり、安全度を高くした治水施設がつくられている。

濃尾平野を形成した大河川木曽川も、庄内川に平行するような流路をとっている。この左岸堤防は右岸よりも高くつくられ、名古屋を守り西の

勢力に備えるいわゆるお囲い堤として知られている。熱田台地の西縁に沿って堀川が流れているが、これは名古屋城の築造の際に多量の石材・木材を運搬するのに掘られた川で、その後も重要な輸送路として使われた。

(c) 高潮災害

　伊勢湾は南に向け開いた奥深くて浅い湾である。この湾地形は、南から来襲する台風の風による海水の吹寄せの効果が大きくなって、湾奥で大きな高潮が発生しやすい条件をもっている。湾の平均水深は20m、最大水深は湾中央で38mと、非常に浅い湾である。浅いと吹寄せられた海水の戻りが妨げられるので、湾奥で海面がより高まることになる。このため伊勢湾では大きな高潮が大阪湾に次いで多く発生している。1959年伊勢湾台風による高潮は、観測史上最大の潮位偏差（天文潮を差し引いた気象原因だけの潮位）を記録し、史上最大の風水害といえる大災害を引き起こした。

　名古屋の臨海地域では、明治以降だけでも、1870年（明治3年）、1881年、1889年、1896年、1911年、1912年（大正元年）、1919年、1921年、1937年（昭和12年）、1954年などに高潮被害を被っている。1896年の高潮の浸水域は1959年に近い広さであった（ただし当時は全くの水田地帯）。1889年および1912年の高潮では、海岸から2～3kmほどまでが浸水した。1954年高潮は13号台風によるもので、伊勢湾台風に匹敵する勢力であったものの、湾中央部を西から東へと横断したので、名古屋は風の強くない進行左側に入ったため、大きな被害にはならなかった。

　1959年9月の伊勢湾台風は、全国で死者5,040人、住家流失・全半壊153,930戸などの激甚な被害をもたらした。伊勢湾沿岸の高潮被災市区町村における死者は4,080人で、全体の8割を超えた。以後全国の多くの海岸で「伊勢湾台風クラスの台風が来襲した場合」というのが高潮防災計画の設定外力とされるようになった。

　台風は26日18時に最低気圧929.5hPaという強い勢力で潮岬付近に上陸し、進行速度をさらに速めて北北東に進み、21時過ぎに名古屋西方40kmのところを通過し、6時間あまりで本州を横断して日本海に抜けた。この間の進行速度は時速70km（秒速20m）という高速であった。この進路は進

行右側の伊勢湾の湾奥に継続して海水を吹寄せるコースとなったので、最高潮位 3.89m（名古屋港）という日本において観測された最大規模の高潮を発生させた。伊勢湾口における最大風速は 45m/s、名古屋では 37m/s であり、暴風（風速 20m 以上）は 10 時間近くも継続した。

　風は反時計回りで吹くので、台風が南から接近してくる場合、その進行右側では風向が東方向から南方向へと変化して、最接近時には強い南風（進行方向に平行の風）が吹く。伊勢湾は「く」の字のような形で、太平洋に向け南東方向に開口している。台風は潮岬に上陸し北北東に進行したが、これは湾北部の長軸にほぼ平行である。この結果、まず東方向からの強風によって沖から湾内に送り込まれた海水は、しだいに南向きに変わっていく風によりさらに湾奥へとまっすぐに吹送される状態が続いて（吹送距離が長くなって）、最大偏差 3.45m という大きな高潮が発生した。

　この記録的な高潮は、海岸堤防を越流しあるいは破壊して内陸に進入し、300km² を水没させた。高潮海水の到達範囲は沿岸低地の地形によって決められる。濃尾平野沿岸域には非常に低平な三角州および干拓地が広がっている。海面下の土地は日本最大で、面積は 1975 年現在で 180km²、その 40％ は -1m 以下であった。平野の基盤は西に傾く傾動を行っているので、ゼロメートル地帯は平野西部において内陸深く入りこんでいる。このデルタ域における浸水域限界は標高ほぼ 0m ～ 1m で、海岸からの距離は最大で 20km にも達した。

　名古屋臨海部では高潮は 5km ほど進入し、南区・港区・中川区のほぼ全域、面積 90km² が浸水した（**図 40**）。高潮の到達は、庄内川東側では、関西本線および東海道本線までの範囲であった。その内陸側の浸水は内水氾濫によるものである。庄内川西側ではさらに内陸に 15km ほど進入した。最高水位は、名古屋港東側の南区で局地的に 5m を超えた。庄内川河口部西方では 3m ほどであったが、ここは地盤高のとくに低いゼロメートル低地で、浸水深では 4m 以上であった。工場地帯になっている沿岸部の高い埋立地では浸水深は 1m 程度で、すぐに水は退いている。湛水日数は臨港部ゼロメートル域で 20 日以上、庄内川河口部西方では海岸堤防の破堤口締め切りが遅れて 60 日を超えた。名古屋市の被害は、死者 1,851 人、住家の流失

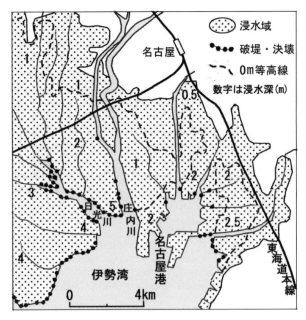

図40　伊勢湾台風高潮の浸水域・浸水深
(地理調査所, 1960)

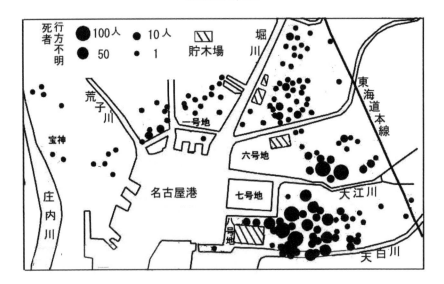

図41　伊勢湾台風による名古屋市における死者発生箇所
(名古屋市, 1961)

1,557 戸、全壊 6,166 戸、半壊 43,249 戸、浸水 67,352 戸などと著しいものであった。被害額は当時の市民所得の 50％ にも達した。高潮に襲われた南・港・中川の 3 区の被害は、死者 1,812 人、住家の流失 1,549 戸、全壊 5,062 戸、半壊 7,866 戸などで、市被害の大部分がここで生じた（**図 41**）。その他の区では強風被害が主であった。

　被害が最も激甚であったのは南区で、死者は 1,417 人にもなった。これをもたらした主因は臨港貯木場からの木材大量流出である。名古屋は木材工業が盛んであり、合板出荷額は全国の 1/3 をも占めていたので、臨港部には 17 箇所の原木貯木場があった。ちょうど南洋のラワン材やソ連材などが大量に輸入されたところで、当時約 100 万石、25 万トンが貯木されていた。この 1 本が数トンの重さの巨木が高潮に乗って流れ出し、高い埋立地背後の低地に位置する住宅地を襲った。総流出量はおよそ 54 万石、約 13.5 万トンであった。南区南部の八号地貯木場から流出した 7 万トンの木材は、隣接の柴田・白水地区を襲い、白水地区に流失・全壊率 40％、死者 861 人という著しい被害をもたらした。南区の死者 1,417 人の内、流出木材による死者は 1,000 人近いと推定される。貯木流出の被害は 1912 年や 1921 年の高潮のときにも起こっていたが、経済発展優先のなかでこの経験は活かされなかった。

　被害は海水流入の強さが非常に大きい海岸部で集中発生した。とくに、避難する高地などのないデルタ沿岸部、とりわけ干拓地では多数の死者がでた。これに対し高潮の直撃を受けない内陸部では、全域浸水を被っていても人的被害は少なくなっている。住家流失全壊数と死者数との比で簡易に示す人命被害度は、デルタ沿岸区町村（南区、港区など）においてデルタ内陸区町村（中川区など）のそれの約 8 倍という大きさを示した。住家損壊数は居住域に作用した加害力の大きさを間接的に示す値になる。

　第二次大戦後の 1940・50 年代には死者数の多い台風災害が頻繁に発生した。この大部分は伊勢湾台風のような夜間上陸台風によるものである。夜間には状況の把握、情報の伝達、避難の実行など避難行動を妨げる多数の要因があり、人的被害を大きくする。死者数と台風の上陸時勢力との比で示す人命被害度は、深夜台風では昼間上陸台風に比べおよそ 10 倍の大

きさであった。

　伊勢湾台風では、暴風雨警報が10時間前に出されていたが、住民はそれを重大視せず、事前避難対応はほとんどなかった。6年前の13号台風の軽微な被害が危険意識を薄めていたことも考えられる。この2年後、大阪は第二室戸台風の高潮により臨港低地が広範囲に浸水したが、高潮による直接の死者は数人程度であった。この大きな違いは、大阪が室戸台風など近年たびたび高潮に見舞われているという直接の災害経験に、同じような土地条件にある名古屋での大災害の教訓が加わって、的確な避難行動が行われた結果によるところが大きいと推測される。

　名古屋市においては2時間おきぐらいに台風情報は出されたが、「夜半ぐらいに最接近し名古屋港で1.5mぐらいの高潮が予想され、(6年前の)13号台風のときのような被害が予想される」といった程度の内容であった。気象情報は主としてラジオにより一般に伝えられ、災害後の調査では台風情報を得たのはラジオ75%、テレビ15%であった。しかし18時ごろには早々と停電したので、その後の切迫した情報は電池式ラジオ以外では伝わらなくなった。当時の名古屋市のラジオ受信契約数31.8万の21%が電池式であったことから、ラジオによる情報入手も限られていたことがわかる。行政の対応もにぶく事前の避難措置はほとんど行われなかった。風雨は強く刻々と海面が高まっていたにも拘わらず、浸水が始まってから警察により避難の指示がごく一部の海岸部で出された程度であった。

　2年後に出された名古屋市の災害調査報告書では、大災害の原因として「異常な強力台風の来襲に対する認識不足」、「低地盤地帯および地盤沈下の認識不足」および「防災組織体制の欠陥」が、「台風が最悪の気象条件下に最大規模で来襲したこと」、「海岸堤防・護岸の安全度が十分でなかったこと」および「貯木場の不備による木材流出」に加え、強調して挙げられている。これは自治体の公式報告書としては異例ともいえる表現で、反省の強さが伺われる。

　この具体的な反映の一つとして、1961年に条例を定め、臨海部の65km^{2}を災害危険区域に指定し、建築構造の規制を行っている。最も危険である第1種区域は木造を禁止し、敷地の地盤面を名古屋港の基準海面よりも

4m 以上高くするように定めている。土地の危険性の認識および危険地の利用規制は地域防災の基礎である。

(d) 河川洪水・内水氾濫

庄内川ではすでに 947 年（天暦元年）に大洪水により大きな被害が生じたという記録がある。徳川尾張家の支配下になった 1600 年から 1700 年代前半にかけては、10 〜 20 年ほどの間隔で大洪水が起こっていた。上流の大窯業地帯山地からの土砂流出が多くなったことにより、1700 年代半ばには洪水がとくに頻繁になったので、庄内川右岸に排水河川の新川を開削し、庄内川の洪水を分流させる工事を尾張藩が命じ、1787 年に完成した。右岸側の支流（五条川・大山川 など）は庄内川の河床上昇のため水が落ちなくなり度々氾濫していたので、新川の開削は右岸低湿地の排水をも目的したものであった。名古屋城下を護るために、庄内川の左岸堤防を右岸よりも高くしたので、氾濫は専ら右岸側に起こっていた。1597 年から明治末までの間に生じた破堤 48 箇所の内 45 箇所は右岸側であった。

明治期には、3 〜 4 年に 1 回という頻度で洪水が発生した。1868 年には 20km 北方の丘陵地にある大きな農業用ため池（入鹿池）が豪雨で決壊し、氾濫水の主流は五条川を流下して庄内川低地に氾濫した。五条川が平野に流れ出す付近の地区では死者 941 人、流失家屋 807 戸などの大きな被害になった。庄内川の決壊も生じ、浸水家屋は 1.2 万戸であった。明治における最大の洪水は 1896 年 9 月の総雨量 800mm、最大日雨量 350mm という豪雨により生じた。尾張平野はほぼ全域浸水し、愛知県の被害は、死者 28 人、住家全壊・流失 626 戸、浸水 4.4 万戸などであった。庄内川は 21 箇所で破堤、新川は 10 箇所で破堤し、名古屋市の浸水家屋は 1.3 万戸であった。

大正期以降に市域は大きく拡大し、市街地は低地部や丘陵地に進展した。これに伴って天白川・山崎川・堀川などの小河川の氾濫や台地部での内水氾濫の被害も生じるようになった。丘陵地では強雨による激しい雨水流出により人や車が押し流されるといったことが起こっている。伊勢湾台風では高潮以外に主として内水氾濫により、およそ 3.5 万戸が浸水被害を受けた。

2000 年 9 月 11 〜 12 日、愛知県下は台風 14 号と秋雨前線の活動により、

最大24時間雨量535mm（既往最大の1.9倍）、最大1時間雨量93mmという記録的な豪雨に見舞われた。これによって生じた内水氾濫に一部破堤氾濫が加わって、名古屋市で38,815棟、愛知県全体で63,440棟の住家が浸水被害を被った。新川中流部の西枇杷島町では2,936棟（全世帯の3/4）、新川町で3,622棟（同1/2）が浸水した。愛知県内の浸水面積は294km²、名古屋市では114km²（市域の35％）であった。内水氾濫では人の死傷はわずかであるが、浸水戸数が多いと一般資産被害の総額が大きくなり、また、大量に発生するゴミの処理が災害後の難問になる。なおこれまでの災害データに基づくと、名古屋市におけるおよそ4万という住家浸水棟数は、降雨の強度に比べかなり少ないものであった。

庄内川は日本の主要都市河川の一つで、超過確率1/200（日雨量250mm）の規模の河川施設が建造されている。一方、県管理の新川および市内の排水路は時間雨量50mm（超過確率約1/5）対応となっている。2000年9月の豪雨は計画降雨の2倍を超えるもので、最高水位は計画高水位を30cm超えたが、庄内川の堤防は持ち堪えて多少の溢水が生じただけであった。洗堰による庄内川から新川への分流量は最大270m³/s（計画高水流量の7％）で、それだけ負担が軽減された。一方堤内地では、1時間雨量が100mm近くに達した11日18時過ぎにたちまち内水の氾濫が生じて、市街地の1/3が浸水した。台地部でも丘陵地からの流出水が加わる東部において浸水が生じた。南区の天白川は破堤・越流により氾濫して、谷底低地の全域が浸水した。台地の浸水面積は12km²、丘陵地で4km²、谷底低地で85km²であった。

新川では、計画規模を超える高水位が9時間継続した12日3時に、大きな支流である水場川との合流地点の対岸で破堤が生じた。破堤の原因には合流による水衝作用が関わっていたと推定される。氾濫口に面する土地は自然堤防と河道によって囲まれ周囲より2mほど低い凹状地である（図42）。このため、すでに内水の湛水が生じていたところへ破堤氾濫水が加わって浸水深が大きくなり、被害が拡大した。西枇杷島町の浸水約3,000棟のほぼ総てが床上浸水であった。ここ西枇杷島は著しい被災地として大きく報道されたが、地形条件からみれば豪雨時に内水の湛水が生じるのはごく自然な場所である。

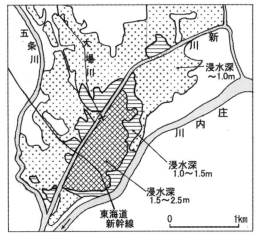
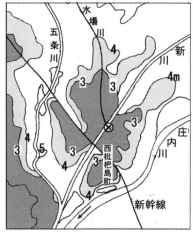

図42　新川中流部・西枇杷島付近の地形・地盤高と2000年洪水の浸水域

(e) **地震災害**

　この地域に影響を及ぼす地震は、南海トラフの海溝型巨大地震および周辺山域に多数ある活断層による内陸地震である。南海トラフは150km以上離れてはいるものの、100〜150年に1回の頻度で大地震を起こし、規模はM8〜9と大きいので、たびたび被害を引き起こしている。活断層の活動間隔は数千年以上であるがその数は多いので、これまでに複数の大災害記録がある。

　最も近くの活断層は、西に25km離れた養老・桑名断層である。これを境界にして濃尾平野基盤は最近50万年間に2km傾動沈降している。この活断層が今後30年間に活動してM8規模地震を起こす確率は、0〜0.7％と評価されている。東方20kmの猿投山断層および南方30kmの伊勢湾断層帯が活動する30年確率は0％である。

　北方45km〜100kmにある濃尾断層帯は、1861年にM8.0という内陸地震では最大規模の地震を起こした。平行する4本の断層が延長80kmにわたり活動し、横ずれは最大8m、縦ずれは最大6mであった。死者は7,469人（岐阜県4,990、愛知県2,459）、住家全壊は85,848戸（岐阜県50,125、愛知県34,494）などと激甚なものであった。被害の大部分は濃尾平野内の沖積層が

厚いところで生じた。

　名古屋市の当時の市域は狭く、ほぼ熱田台地上に展開していたので、全壊率は 2.9％と震度 6 弱相当であった（図43）。しかし、庄内川低地では全壊率の最大が 70％を超え、震度 7 の激しい揺れであった。名古屋駅のある沖積層厚数 m 程度の埋没波食台域では、全壊率 10％程度であった。なお、当時の名古屋駅停車場は全壊した。名古屋市の被害は死者 190 人（人口 16.5 万人）、全壊 1,261 戸、半壊 1,603 戸、現在市域に入っている周辺 48 町村（被害不明の 10 町村を除く）を加えた被害は、死者 406 人、全壊 6,060 戸であった。

　建物被害率は震源から離れるにつれて指数関数的に低下するが、その低下の程度は地形・地盤によりかなり違ってくる。震源近くでは激しい震動が生じるために地盤の硬軟に関係なくほとんどの建物が損壊を受ける。震源から遠ざかると地盤がより硬いところ（丘陵地・台地・扇状地など）では、軟らかい沖積低地に比べ損壊の率がより急速に低下する。震源から 35km における損壊率（半壊の半分を全壊に加えて算定した値）は、沖積低地で

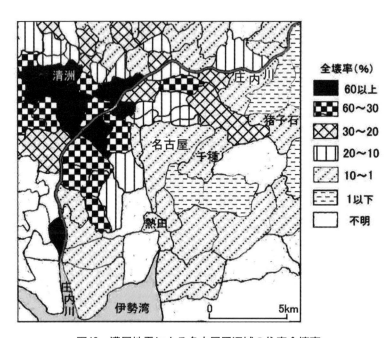

図43　濃尾地震による名古屋周辺域の住家全壊率

約 80％、扇状地で約 50％であるのに対し、距離 55km（名古屋の位置）においては扇状地・台地で約 5％、沖積低地でおよそ 30％と差が開いてくるという関係が認められた。庄内川の北側の清洲付近では全壊率が非常に高い値を示し、震央から 50km ほど離れていたものの、全壊率が 90％を超えた町村があった。この地域の沖積層の厚さは 25m ほどであり、この地区でとくに厚くなっているということはなく、また、表層が非常に軟弱という地層条件でもない。

1945 年三河地震は M6.8 と比較的小規模であったものの、死者 2,252 人、全壊 5,288 戸などと被害は局地的に激甚であった。震源の深さは 0km であったので地表での震動は激しくなり、狭い範囲に激甚な被害をもたらした。地表には地震断層が出現したが、これがなければ活断層の存在を認めることが不可能な未知の活断層の活動であった。名古屋は震源からおよそ 40km 離れており、震度 4 の揺れであった。被害は臨海部で生じ、死者 8 人、全壊 40 戸、半壊 152 戸など、南区の全壊率は 0.1％であった。

南海トラフは四国沖から駿河湾までの範囲が 5 地区に分けられている。1707 年の宝永地震は全領域が活動して M8.6 と超巨大規模であったので、尾張でも死者 19 人、全壊 8,573 戸などの被害が生じた。1854 年の安政地震は東海沖での地震であったが、熱田で多少の津波被害が生じただけであった。

戦時下の 1944 年東南海地震は M7.9、震源は 190km 離れた熊野灘沖であった。名古屋市の被害は全壊 863 戸、半壊 5,378 戸などとされている。名古屋市全体の全壊率は 0.1％（震度 5 相当）、港区の全壊率は 6％（震度 6 相当）であった。揺れが強かった臨港部では軍需工場の被害が大きかったが、詳細は不明である。震源が 260km 離れた紀伊半島沖の 1946 年南海地震（M8.1）では、名古屋市の被害は死者 1 人、全半壊 15 戸などであった。

現在、M9 という超巨大規模の南海トラフ地震の発生が懸念されている。名古屋市の被害想定では、「過去の地震を考慮した最大クラス」の地震が発生した場合、最大震度は 6 強で、全壊棟数は約 4,900、「あらゆる可能性を考慮した最大クラス」の地震の場合、最大震度 7 で、全壊棟数は約 34,000 が示されている。

5.4 神戸－土砂・洪水災害の危険が大きい花崗岩山地の山麓部

(a) 地域災害環境

神戸は六甲山を背にし大阪湾に臨む幅狭い海岸低地・扇状地に展開している街である。同じ地形条件の芦屋まで含めると、その東西の長さ 22km に対し幅は 2km ほどと非常に細長くて、災害時などにおける周辺域からのアクセスに大きな地形的制約のある地域である。

神戸は古くからの港町として発展し、最近まで東洋一の規模の港を誇っていた。その歴史は奈良時代にまで遡り、京・大阪の外港として大輪田泊が、湊川三角州の南、現在の兵庫区におかれ、西国との経由地になっていた。江戸時代には兵庫津と呼ばれるようになり、舟運の拠点として浜本陣がおかれ、西日本最大の港として繁栄した。兵庫津は、多量の土砂を搬出して河口部に突き出す砂州をつくっている湊川と南の和田岬とに囲まれた天然の良港である。

湊川の北には生田神社・湊川神社の門前町である神戸 (かんべ) の集落があった。幕末における開港では、湊川河口の北側が外国船の停泊地に指定されたので、神戸村は外国人居留地にもなって発展し、現在の三宮・元町地区をつくっている。

明治 7 年に東海道本線が開通し、そのターミナル駅の神戸駅が兵庫と神戸の両地区中間におかれた。また、搬出土砂による港の埋積を避けるために湊川は西方に付替えられて、両地区は接近し神戸の中心市街を形成した。その後市街は東に向け大きく進展し、昭和初期には芦屋・西宮にまで至る扇状地・海岸低地のほぼ全域が市街化された。土地が狭いということで海岸は埋め立てられ、港湾・工業地区となった。戦後高度成長期にはポートアイランドと六甲アイランドという大規模埋立地が六甲の山砂などでつくられ、市街が大きく海にまで張り出した。一方六甲山地の縁辺は、広く地形改変を受けて新興宅造地になっている。

六甲山地は多数の活断層によって切られた断層山塊で、全体が花崗岩で構成される。長さは 30km、幅は 5km ほどで、東北－南西方向にほぼまっすぐ延びている。第四紀中期ごろ (約 100 万年前) からの構造運動により東

西方向の圧縮力を受け、逆断層を境にして押し上げられたことで、1,000m ほど隆起した。この圧縮により花崗岩体には割れ目が発達して地下水が浸透し、深くまで風化が進行している。風化花崗岩はマサ（真砂）とも呼ばれ、砂のような状態にまで変質しているところがある。山頂部には隆起以前につくられていた平坦地形が押し上げられ残存している。南面は多数の断層に区画された階段状の急斜面となり、大阪湾に臨んでつらなっている。

　この南面には「六甲六百谷」といわれるように多くの谷が発達している。大きな谷が山麓に流れ出す出口には扇状地が形成され、それが連結して複合扇状地となっている（**図44**）。これが典型的に発達しているのは芦屋川から新生田川にかけての地域で、標高4mほどまでのところが扇状地である。扇頂部の標高は約100mで、さらにその上に段丘状になった古い扇状地が部分的に分布する。山地斜面と扇状地との境界が直線的なところは多く、活断層の存在を明瞭に示している。複合扇状地帯の幅は1.5～2.5km、平均勾配は1/20ほどと急傾斜である。

　この扇状地域を流れる川のうちの、水源が主稜線にあって流域の広い芦屋川・住吉川などは、下流において天井川となり大阪湾に注いでいる。背

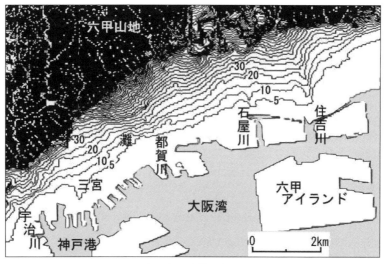

図44　六甲山地南麓の複合扇状地
（等高線間隔5m）

後の山地が低い生田川西方では扇状地の発達はわずかで、海に面して低平な海岸低地がやや広く形成されている。全般的に海岸低地はかなり締った砂質層で構成され、和田岬付近を除き軟弱沖積層はほとんどみられない。扇状地は砂礫で構成されるので、比較的硬い地盤である。

このような地形・地質条件から、六甲南麓域は大雨による土砂・洪水複合災害の危険が大きいところで、1938年の阪神大水害をはじめとして、しばしば土砂・洪水の氾濫を被っている。奈良時代以降のおよそ1400年間には70回以上の大きな水害の記録がある。近年では1961年6月および1967年7月に大きな災害が発生した。しかし1995年の阪神大震災で、地震の危険も大きい地下地質構造をもつことが明らかになった。

ⓑ 土砂・洪水災害

1938年7月3日から5日にかけて六甲地域に梅雨前線の豪雨が降り、総降水量は六甲山頂で616mmに達した。雨が最も強かったのは5日の午前中で、8時〜11時の3時間雨量は神戸海洋気象台で134mmを記録した。すでに400mm近い先行降雨があったところにこの強雨が加わったために、六甲山地で非常に多数の山崩れ・土石流が発生した。多量の土砂および洪水は山麓の街に氾濫し、死者・行方不明者731人、流失・全壊家屋5,492戸などの大災害を引き起こした(**図45**)。被害は神戸から西宮にかけての地域(阪神間)に集中したので、阪神大水害と呼ばれている。神戸市では市人口の72%が被災した。

六甲山地は大阪湾北岸に屏風のようにつらなっている。日本の太平洋岸域には南方から湿潤気流が流入してくるが、これが山にぶつかると強制的な上昇が生じて、風上にあたる南側山腹および山麓に強い雨が降る。この地形効果により、1938年、1961年および1967年の雨量はほぼ同じ分布パターンを示した(**図46**)。

花崗岩は大きく成長した結晶粒子が集まって構成されている。これが地下水作用や地殻内での圧縮力を受けると、粒子間の結合が緩んで脆くなる。外見は硬い岩のように見えても、指先で突き崩すことができるような状態に深くまで風化していることが多い。このため花崗岩山地に大雨が降ると

第5章　主要都市の土地環境と自然災害リスク　93

図45　1938年阪神大水害時の土砂および洪水の氾濫域

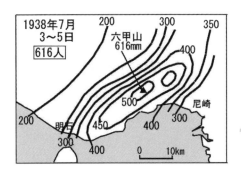
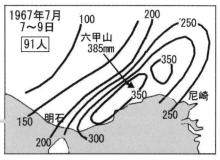
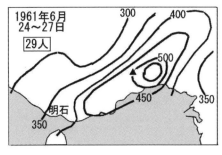

図46　六甲山系の地形に支配された降雨分布
(枠内の数字は神戸市の死者数)

全山崩れるといったような状態になる。

　崩壊土砂は滑り落ちる間に水を含み流動性を増して土石流に変わり、谷底を高速で流下して山麓を襲う。土石流本体は地表の勾配が2～3°ぐらいまでのところで停止するが、堰き上げによって水深を増した後続洪水流は多量の土砂・流木も運んでさらに流下し氾濫する。六甲南麓扇状地のほぼ上半分はこの土石流到達範囲内にあり、通常の出水時にも、谷底に堆積していた土砂が山麓に運ばれてくる。これら土砂の堆積の繰返しによってつくられたのが扇状地である。

　港の土砂埋積を防ぐために、湊川と生田川はそれぞれ市街の西方および東方に付替えられた。現在のJR神戸駅北を流れていた宇治川の下流部は、川へのゴミ投棄を防ぐ、土地の有効利用を図るなどの理由で暗渠化され、また、扇状地群を横断して3本の鉄道線路が通された。東海道本線は最も山地寄りを通っており、豪雨時には、山から押し寄せてきた土砂・流木が暗渠をすぐさま閉ざして濁流が溢れ出す。鉄道のガードは流木でふさがれ氾濫を大きくする。

　1938年水害で最も大きな被害を引き起こしたのは、天王谷川・石井川（旧湊川上流）および宇治川の土砂・洪水氾濫で、湊区と湊東区の両区で死者357人、建物の流失埋没倒壊2,297戸の被害が生じた。これは全市被害の半分以上である。

　山地・山麓を並走する断層群の活動により、天王寺谷の出口付近はやや凹状の地形（断層凹地）になっているので、ここで大きな氾濫と土砂堆積が生じた。この谷はトンネル水路で西方の刈藻川に付替えられていたが、洪水は元の河道に従って神戸駅方向に流下した。

　六甲山頂を流域内にもち、みごとな扇状地をつくり河床が高い住吉川では、土石流は扇頂部から扇状地面上に溢れて、扇状地全体に洪水と土砂が氾濫した。ただし下流の天井川化したところは堤防が高いので浸水を免れている。省線（JR）住吉駅付近では土砂が2mの厚さに堆積した。土石流による大きな被害を引き起こした都賀川は複合扇状地の凹部を流れているので、氾濫はほぼ河道周辺に収まった。このように土砂や洪水の運動は地形によって支配される。六甲山地から流出した土砂量は600万m³ほどと推定

されている。この土砂量はさほど多いものではなかったものの、被害は甚大であった。

1961年の豪雨では、六甲山域に進出した新興市街地における崖崩れ被害が多数発生した。これには宅地造成による地形改変が原因とされるものがあり、宅地造成等規制法の制定の契機となった。兵庫県下の被害は死者41人、家屋全半壊229戸などであった。

1967年の豪雨では、山地内での山崩れ被害と山麓市街域での小河川氾濫の被害が生じた。生田川上流の市が原では、急傾斜の山地頂部でのゴルフ場建設が原因で、大きな山崩れが発生し21人の死者をだした。起伏地の地形改変は雨水の浸透・流出の条件を変えて土砂災害発生の主因になっている。花崗岩山地は植生破壊により容易に禿山化して多量の土砂を流出させる。明治初期に六甲山は、雪山と見まごうばかりの禿山になっていたようだが、現在では植林により植生は回復した。

河川の氾濫は対策工事がより遅れていた小河川で多く、やはり暗渠の閉塞による中下流部での氾濫が目立った。市中心部を流れる宇治川は改修に多くの予算投入が行われてきたものの大きく氾濫し、基礎洗掘によるビル倒壊という被害も発生した。河道が付替えられてはいても、洪水の氾濫は元の地形に従って起こる。

(C) 地震災害

この地域は全周囲が活断層で区画された大阪湾構造盆地の北西部にあたり、六甲・淡路島断層帯主部が走っている。これは大阪府箕面から六甲山地南縁を通り淡路島東岸北部に至る長さ70kmの断層帯で、右横ずれを主体とし、北西側が隆起する逆断層成分をもっている。

この断層帯の最新活動は1596年の慶長伏見地震(M7.5)と考えられている。京都の伏見城が大破し大きな被害が生じたのがよく知られていてこの名がつけられたが、被害は畿内および近隣に広く及んだ。被害状況から推定される震度6の地点には、京都・大阪・堺・有馬・須磨などがあり、この強震動域はさらに淡路島方向に伸びていたと考えられている。災害記録は多いものの全体被害は不明であるが、畿内における大地震であり死者は

数万のオーダーであった可能性がある (洛中の死 4 万 5 千という記録あり)。

1995 年の兵庫県南部地震 (M7.3) では、六甲・淡路島断層帯主部のうち西宮から明石海峡にかけての 30km 区間の地下で活動が生じたことが余震活動などで分かっている。主体は淡路島西岸断層の活動であり、この地震は六甲・淡路島断層帯の活動による最大規模の地震とは考えられていない。この断層全体が活動した場合の規模は M7.9 程度であり、その平均活動間隔は 900 〜 2800 年で、今後 30 年以内の発生確率は 0%〜 1% とされている。この地震が起こった場合、エネルギー規模は 1995 年兵庫県南部地震の 8 倍にもなるので、被害は非常に大きくなる。

1995 年 1 月 17 日、明石海峡下を震源とする兵庫県南部地震が発生し、死者 6,425 人、住家等全壊 110,457 棟、同半壊 147,438 棟、直接の被害金額約 10 兆円などの大きな被害が生じた。被害は六甲山南面の阪神地区において著しく、神戸市では死者 4,566 人、全壊 67,421 棟、芦屋市で死者 442 人、全壊 3,924 棟と、この両市で全体死者の 86% を占めた。

建物倒壊は六甲山に平行する長さおよそ 20km、幅 1km ほどの帯状域 (ほぼ扇状地で地盤は良好) において多数発生した (**図 47**)。この「震災の帯」と呼ばれた局地的強震動域 (全壊率 30% 以上) の出現は、断層や表層地盤条件とは無関係で、やや曲面をなす花崗岩基盤とその上部の未固結堆積層 (大阪層群など) との境界面における屈折および山地側面での反射により、地震波がこの帯状域に収斂したことによるものと考えられている。地下構造は不変であるから、このような現象がこれからも起こるのは確かである。

死者数は 6,424 人、うち火災によるもの 560 人、避難生活のストレスなどによる関連死 912 人であった。火災および関連死を除く死者およそ 5,000 人の 95% は建物倒壊を原因としておりほとんど即死の状態であった。この結果として死者発生地点と全壊率 30% 以上の地域とはほぼ重なる。建物が完全倒壊しなければ火災による死者の多くもなくさずにすむことができたはずである。

したがって、住宅の耐震性を高くして倒壊を防ぐことが地震による死者を少なくする基本対策となる。全壊率と出火率とは比例関係にあるので、これは火災被害軽減にもつながる。さらにこれは、避難所設置、仮設住宅

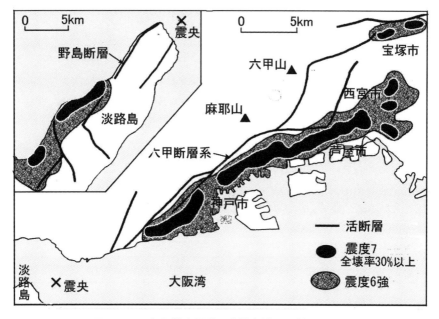

図47　1995年阪神大震災の高被害域と活断層の位置

建設、立ち直り資金供与などの救護・救援の必要性を小さくし、避難所生活による関連死を減らし、人口流出等による地域の社会経済活動を低下させないなど、多方面につながる。個人の立場からは、住む家があるかないかは災害後の生活にとって決定的なことである。

　倒壊の大部分は耐震性の劣る木造住宅、すなわち老朽化し、壁に筋交いがなく、重い瓦屋根で、土台が基礎にボルト締めされていない構造のものであった。戦前や戦争直後（したがって1950年建築基準法制定以前の）建築年代の古い在来構法の木造住宅の被害が大きく、とくに木造2階建て集合住宅（文化住宅など）や長屋の被害が目立った。一方、壁を組合わせる枠組壁工法（ツーバイフォー、プレハブなど）では、一般に建てて間もないこともあって、被害が非常に少なくて済んだ。過去の大きな被害地震は近畿と周辺域に集中しており（図25）、また活断層の密度が近畿では最大であるにもかかわらず、何故か関西では地震への備えが低かったようである。

　この震動で生じた火災による焼損棟数は7,200で、関東大震災時の東京

市と横浜市に次ぐ規模であった。地震火災は主として建物倒壊により生じるので、出火地点は震災の帯にほぼ重なっている。大規模延焼火災は家屋密集度の大きかった長田区とその隣接域で生じ、焼損数を大きくした。当日は風が非常に弱かったので、延焼速度は時速 10 ～ 20m と遅かった (関東地震時の東京では 200m 以上) にも拘わらず火災規模を大きくしたのは、消防力不足および水利不足である。

　大量の自動車通行 (90% 以上は緊急性のない一般車両) による極端な渋滞が消防車両の到着を極度に妨げた。到着しても、消火栓は破壊されており、また扇状地河川であるため普段の流水は非常に少ないので、消火用の水が得られなかった。消火活動が延焼を阻止した割合は 14% と低い数値であった。

5.5　広島－三角州分流路群と花崗岩山地に囲まれた地域

(a)　地域の形成

　広島の中心市街は、みごとなデルタ地形を示す太田川河口部低地に展開している (図 48)。太田川デルタの形成は比較的新しくて、この開発・利用は戦国時代末の 1589 年に毛利氏が城を築いたことから始まる。大和朝時代には、広島湾東岸の府中に安芸国の国府がおかれ、ここが地域の中心になっていた。当時の海は山際にまで迫っていて、海岸線には狭い海岸低地がつらなり、山陽道 (西国街道) はここをたどって通じていた。海は現在の太田川放水路 (最も西側の流路) が分流する地点付近にまで進入していて、太田川は狭い谷底低地から直接海に注いでいた。

　奈良時代になると山陽道は大路として整備され、太田川の東に隣接する瀬野川河口部の海田市、西を流れる八幡川河口部の五日市が宿場町や物資の集散地として栄えた。市 (いち) のつく地名は、五日市の南にある廿日市、北方の太田川低地内の四日市など多くみられ、地方領主が殖産を進めて各地に定期的な市を開いていたことがわかる。

　古代には太田川河口部デルタの形成はほとんどなかった。中世になってたたら製鉄が盛んに行われるようになり、その原料の砂鉄採取のための鉄穴 (かんな) 流しにより多量の土砂が流し出され、開けた広島湾内に広がっ

第5章　主要都市の土地環境と自然災害リスク　99

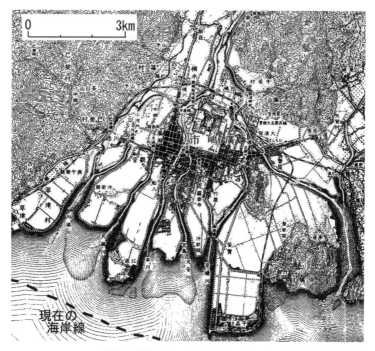

図48　明治31年（1898年）の地形図

て堆積してデルタが急速に発達した。かんな流しとは、切り崩したマサ（風化花崗岩）を渓流や水路に流しこんで、比重の違いにより砂鉄を沈殿・分離する方法で、大量の土砂を下流に流し出す。

　太田川河口部の海岸線は平安末期からの約500年の間に5kmほど前進し、1600年ごろには図48に示されるデルタのほぼ中央部（東西に通じ町並みが連なる山陽道の付近）に達していた。かつて島であった比治山は陸続きになった。

　かんな流しは治水のために1628年に禁止されたが、河床に堆積した土砂はその後も流出してデルタを成長させた。三角州の前面に広がる潮汐低地（干潟）は新田開発のために1600年初期から干拓され、江戸末期には海岸線がさらに2kmほど前進していた。江波山は当時はまだ島であったが、明治以降の干拓により明治31年の地形図では陸続きになっている。

　戦国時代末期、中国地方を平定した毛利氏は居城を山地内から広島湾岸部に移す計画を立て、毛利輝元が分流路間の中洲（島）のうち最も広いもの

を選んで築城を行い、広島城と名づけた。これは従来の山城に代わり自然の水路群で防御するという平城である。領内の武士や商人はここに集められて、城下町が形成された。山陽道は城の南に移され7本の川には橋が架けられて街道をつなぎ、ここの周囲に街が発展した。

こうして当初は112万石という大大名の城下町として、また山陽道の中心的位置にある商業都市として発展し、1700年ごろには人口約7万(うち武家・寺社約2万)という全国で8番目の都市になっていた。明治維新により武家人口が流出し、明治中期の人口は7万ほどにとどまっていたが、日清戦争のころから軍事都市・工業都市・港湾都市として発展し、1942年に人口は戦前で最大の42万人になった。

市域の拡大もあって現在の人口は約120万、太田川デルタ地区(面積は全市の10%)の人口はおよそ50万である。周辺の山地に広く分布する緩傾斜地はほぼ市街化・住宅地化され、多くの人口を収容している。住宅団地の高いところは標高200mに達している。

(b) 地形・地質条件

この地域には、広島花崗岩類と呼ばれる白亜紀(約1億年前)の粗粒黒雲母花崗岩が広く分布する。花崗岩は珪長質マグマが地下深くでゆっくりと冷えて固まったもので、大きく成長した石英・長石・雲母などの鉱物結晶で構成される。この粗い粒子間に浸透したCO_2を含む地下水の化学的分解により、粒子がバラバラになるという風化(マサ化)を深くまで受ける。一見硬い岩のようでも非常に脆くなっていて、豪雨により容易に崩される。広島県は花崗岩の分布面積が全国一の県で、地形・地質からみると土砂災害の危険が非常に大きい地域である。

デルタ(三角州)は河川が搬出した土砂が河口周辺の浅海底に堆積してできた地形で、流路は分流して網目状になり、流路間には州(土砂がより高く堆積した場所)が形成される。典型的なものは全体の平面形状が海に向かって開く三角形(ギリシャ文字のデルタ)あるいは扇形になるので、この名が与えられている。三角形状ではなくても分流間の州が集合した海面に近い高さの海岸低地は、デルタに分類される。

第 5 章　主要都市の土地環境と自然災害リスク　　101

　太田川デルタは中世のおよそ 500 年間に、長束の狭窄部付近から山陽道付近までの 4km ほどの長さにわたり成長した。この後 1600 年以降は人為の干拓が加わって海岸線は前進した。陸地化した州の前面には、潮の干満により海面下になったり海面すれすれになったりする潮汐低地が広がり、その中を分流する澪筋（みおすじ）がいくつもできる。この澪筋を流路として残して閉め切り、洲の陸地化が行われる。明治 31 年地形図（図 48）が示す流路は、自然につくられた澪筋の形状を示している。

　三角州堆積層の厚さは、デルタ頂部に近い JR 山陽線付近で約 20m、海岸部で約 30m である。一方谷底低地部の長束付近では硬い基盤層までの深さが 5m ほどと浅く、三角州域で急に基盤面が深くなり三角州堆積層が厚くなっていることがわかる。基盤面の形状は複雑で、幅狭い埋没谷地形が多数分布する。構成層は、海岸部を除き全般に砂質である。地層の硬さを示す N 値は小さいものの非常に軟弱というものではない。

　この地域では緩傾斜地形が広く分布することが特徴的である。図 49 では安佐南区の八木地区周辺を例として、5m 間隔等高線図によりこの緩傾斜地形の分布を示した。等高線の間が開いていて白くなっているところが緩傾斜地である。この大部分はほぼ崖によって囲まれており、古い緩傾斜面が台地状に段化したものである。扇状地・沖積錐・崖錐といった現在形成途上の新しい山麓堆積地形はわずかである。開析され台地・段丘状になっているということは、土砂流出がほとんど停止しており、また、多少の地盤隆起があったことを示す。

　中国地方の花崗岩山地縁辺には山麓緩斜面が分布する。乾燥地帯には、豪雨時の流水が浸透せずに地表面に広がり、山麓部の基岩を面状に侵食して形成したと考えられるペディメントと呼ばれる地形が発達する。この形成には激しい物理的風化作用と、ときおりの強雨によるシート状洪水の発生が関わっている。中国地方の山麓緩斜面はこのペディメントに類似しているが、乾燥地帯のような環境がかつてあったとは考え難い。成因はどうであれこれは居住・利用に好都合な地形であるので、現在では全面的に市街化・宅地化されていて土砂災害の危険を大きくしている。

　デルタは標高が海面近くの低地で河川洪水・高潮・津波などの水災害の

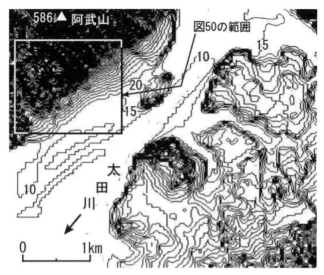

図49　安佐南区・八木周辺域における現成扇状地および台地状緩傾斜面の分布
（等高線間隔は5m）

危険は大きく、地層の形成は新しくて軟弱なので地震動災害の危険も大きいところである。この太田川デルタでは風化花崗岩山地が接しているので、斜面崩壊・土石流の危険もある。地形・地質という土地の素因条件からみるかぎりでは、広島は自然災害危険度が全国で最も高い都市に分類される。

(c) 土砂・洪水災害

　山地域に豪雨が降ると、土砂および洪水の災害が複合して起こる。山麓や谷底低地の勾配は大きいので洪水の流れは速く、山崩れ・土石流により生じた多量の土砂・流木も運ぶので大きな破壊力をもつ。洪水で多くの建物の流失・全壊が生じるのは、このいわゆる山地河川洪水である。

　広島県の山地面積は西日本で最大であり、その2/3が花崗岩である。全般に中起伏であり小盆地や緩傾斜地が多く存在するので、居住・利用が進んでいる。このため土砂災害のリスクは大きいが、雨の少ない内陸性気候で豪雨頻度はやや小さいので、豪雨災害の頻度はとくに大きいというわけではない。日雨量100mm以上という豪雨の日数は九州や四国南半部に比

べ 1/3 程度である。

　古い災害の記録では、1653 年に台風の来襲によって広島城下とその近郊で流失家屋 5,000 軒、死者 5,000 余人という記録がある。太田川の氾濫、周辺山地における山崩れ・土石流、山地内河川洪水などが大規模に起こったと推定される。1796 年には梅雨前線豪雨により、太田川中流の加計付近で土石流により死者 63 人、流失家屋 477 戸、広島藩全体で死者 169 人、流失家屋 1,770 戸という災害が起こっている。

　明治・大正期には大きな土砂・洪水災害が 10 回、6 年に 1 回の頻度で起こり、その多くは台風によるものであった。1926 年 (大正 15 年) 9 月の前線豪雨は、広島における最大日雨量 340mm、最大 1 時間雨量 79mm という現在でも既往最大 (観測開始は 1879 年) の豪雨をもたらした。これによる被害は広島市北部から東部にかけての地域に集中した。被害は死者 103 人、家屋流失・全壊 242 戸などで、そのほとんどは山崩れ・土石流とそれに伴う激しい洪水によるものであった。とくに大きかったのは、畑賀地区 (現在の安芸区) の土石流による死者 69 人、山本地区 (安佐南区) の山崩れ・土石流による死者 24 人、家屋流失・全半壊 32 戸であった。市中心地区では多少の浸水被害だけであった。

　終戦直後の昭和 20 年代には大きな被害をもたらした台風災害が毎年のように起こった。とくに大きかったのは 20 年 9 月の枕崎台風で、広島県の死者 2,012 人 (全国では 3,756 人)、家屋流失・全壊 3,457 戸など、史上最大規模の土砂災害を引き起こした。被害の中心は呉市および厳島対岸の大野町での土石流によるものであった。昭和 26 年ルース台風は県西部山地で大きな土砂災害を引き起こした。県全体の被害は死者 166 人、家屋流失・全壊 1,065 戸などで、これには沿岸部での高潮被害が含まれる。

　最近の広島市における大きな土砂災害には、1999 年 6 月の豪雨災害、2014 年 8 月の豪雨災害がある。1999 年の豪雨では、八幡川流域を中心に市西部で雨が強く (最大 1 時間雨量 81mm)、主として土石流により死者 20 人などの被害が生じた。

　2014 年の前線豪雨は極めて局地的で、最大 1 時間雨量が安佐北区で 121mm、安佐南区で 87mm、南に 10km ほどの中区では 47mm という違い

があった。被害も局地的で、死者は安佐南区の八木52人、緑井14人、山本2人、安佐北区の可部6人で、死者発生はこの4地区に限られた。住家の全半壊は、安佐南区で164棟、安佐北区で60棟であった。

最も被害が大きかった八木地区の地形は、標高586mの急峻な阿武山の山麓下の、開析・段丘化を受けていない複合扇状地である (図49)。扇状地勾配は急で全域が土石流領域に入る。土砂流出が現在も継続していると考えられるこのような現成扇状地は、広島地域では分布が極めて局地的である。可部地区にもやや大きな扇状地が、緑井および山本地区には、緩傾斜面を開析した谷出口の小扇状地がある。

空中写真 (図50) では山地内に崩壊はなく、洗掘された谷が線状に認められるだけなので、谷床堆積土砂の流出が主であったと考えられる。このため土砂量は多くないので、扇状地面への土砂流出・氾濫はほぼ扇状地上部に限られている。扇状地面は急勾配のために土砂の横への広がりは小さくなり、谷の直下方向にほぼ直線的に流れている。土砂氾濫域は狭いもの

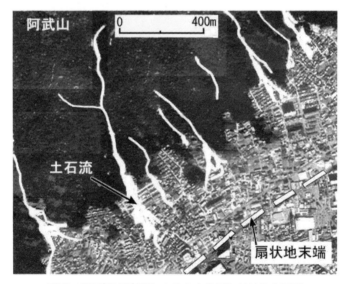

図50　2014年8月豪雨による八木地区における土石流
および後続洪水流による土砂氾濫域
(Google Earth 使用)

の、土石流直撃の危険が非常に大きい谷出口にまで住宅地が進出していた結果として、大きな被害になった。1999年のときには豪雨が15時ごろであったのに対し、この2014年には午前3時という未明の時間帯であったことが人的被害を大きくした。

　広島市の土石流危険渓流は2,402、急傾斜地崩壊危険箇所は3,634である。広島県における2002年現在の土砂災害危険箇所（土石流危険渓流、急傾斜地崩壊危険箇所、地すべり危険箇所）は31,087で、総数では全国一（2位の島根22,296を大きく超える）、山地・丘陵地の単位面積あたりでは長崎・福岡に次ぐ大きさである。花崗岩山地が広いので全県的に危険箇所が分布する。山地起伏は大きくはなくて集落が広く山地内に分布していることが危険箇所数を大きくしている。

⒟　太田川の治水と洪水

　太田川は流域面積1,710km^{2}という中国地方では有数の大きな河川である。百万都市の広島の中心がその河口デルタ内に展開しているので、再現期間200年という日本の河川では最も高い重要度で河川施設が整備されている。

　三角州を流れるいくつもの分流路を自然の水濠として築造された広島城とその城下は、その生い立ちから水に弱いという宿命をもっている。1599年の城完成から間もなくの1617年には太田川氾濫によって城が破損を被った。この修復を許可しない幕府の意向に従わなかった当時の城主は小大名に転封され、代わって浅野家が幕末までこの領地を支配し、太田川の治水を進めた。太田川中流部の花崗岩地帯におけるかんな流しは、土砂流出により流路変動をもたらし洪水を激しくするので禁止された。デルタの干拓は進められ、自然の澪筋を浮かび上がらせた7本の分流路が確定した。なお、かんな流しが最も盛んであった山陰の斐伊川では、殖産をより重視して江戸時代を通じかんな流しが行われていた。

　明治・大正期には大きな洪水が5～6年に一回の頻度で発生した。とくに大きかったのは大正15年9月の広島豪雨災害で、太田川下流部谷底低地（安佐北・南区）は全面浸水し、浸水家屋は1万戸に達した。これにより太田川河川改修の必要性が高まり、昭和7年（1932年）に放水路開削計画が

立てられた。これは山地が両側に迫っている長束付近から分水し、山地に沿う小河川の山手川と最も西側の分流である福島川の流路とを利用して幅広い放水路をつくり、全体の3/4ほどの流量を流す計画のものであった。これに基づき用地買収などが進められたが、戦争および大戦災により中断となった。この間、1942年周防灘台風、1943年の梅雨前線豪雨と台風26号、1945年枕崎台風と大きな災害が相次いで起こった。1943年台風26号では太田川の洪水流量が既往最大の6,700m³/sを記録し、被災家屋は1.8万戸に及んだ。放水路工事は1951年に再開され、1967年に完成した。現在の流量配分計画は、4000m³/sをダムなどで調節して河川の計画流量を8,000m³/sとし、うち4500m³/sを太田川の本流となった放水路が受けもつ計画になっている。

　三角州は海の作用下で形成される地形で地盤高は海面近くであり、当然に高潮および津波の危険が大きいところである。太田川デルタの地盤高は、1600年ごろの陸地が2〜3m、その南の干拓地は2m以下と低く、台風は西日本に頻繁に来襲するので、しばしば高潮被害を被っている。昭和以降では太田川河口における最高潮位が2mを超える高潮が13回発生している。最大は1942年の周防灘台風によるもので3.30mを記録し、家屋流失全半壊1,159戸などの被害をもたらした。

　1969年には広島湾高潮対策計画が策定され、1959年伊勢湾台風規模の台風が1951年ルース台風のコースで来襲した場合に予想される最高潮位を4.4mとして、5.0〜6.9mの高さの海岸および河川堤防を建造するものとされ、現在工事が進行中である。1991年台風19号は最高潮位2.91mと周防灘台風に次ぐ大きな高潮を起こし、まだ堤防が計画高に達していなかった4km内陸の市中心部で氾濫したので、3.4mを暫定基準として工事を進捗させている。1991年台風19号では広島地方気象台において最大瞬間風速が毎秒59mという猛烈な風を観測し、約2.3万棟の建物損壊被害に加え、潮風による送電塔碍子への塩分付着などにより、96万戸（全世帯の2/3）が停電した。住家浸水は2,529棟であった。2004年18号台風では最高潮位2.96mと1991年19号台風を超えたが、浸水は沿岸部に限られ、住家浸水は178棟であった。

(e) 地震災害

　この地域に影響を与える地震には、瀬戸内海の安芸灘における M6 ～ 7 のほぼ直下の地震、南海トラフにおける M8 ～ 9 の巨大地震、活断層の活動による内陸の浅い地震がある。広島市の西方には活断層である己斐－広島西縁断層帯があるが、その活動度は不明である。これが全長にわたって活動した場合の地震規模は 6.5 程度である。なお、県内の活断層の活動により発生した被害地震は歴史上では知られていない。南海トラフにおいて M8 ～ 9 クラスの地震が今後 30 年以内に発生する確率は 60 ～ 70％と評価されている。1707 年宝永地震(M8.7)、1854 年安政南海地震(M8.4)、1946 年南海地震(M8.0) など過去の南海トラフ巨大地震による広島における被害はわずかであった。

　芸予地震と呼ばれる安芸灘における地震は、最近 400 年間では 1649 年(M7.0)、1686 年(M7.2)、1857 年(M7.3)、1905 年((M7.2)、1949 年(M6.2)、2001 年(M6.7)と 6 回起こっており、平均発生間隔は 67 年である。これはユーラシアプレートの下に沈み込んだフィリピン海プレートが下方に折れ曲がっている深さ 50 ～ 60km のところで生じているもので、折れ曲がりによる引っ張り力がプレート内に断層を発生させている。地震規模が M7 を超えるものが多いものの、震源が深いので地表での揺れはかなり小さくなる。また、深いため海底面を変化させないので、津波は起こらない。1905 年の地震は M7.2 と規模が大きく、広島では震度 6 の烈震となり、死者 4 人、全壊 36 戸、半壊 20 戸などの被害が生じた。2001 年の地震は M6.7、深さ 51km、広島の震度は 5 強で、被害はわずかであった。

　広島市による地震被害想定では、M9.0 の南海トラフ巨大地震が起こった場合、最大震度は 6 弱となり、全市域での被害は建物全壊 1.9 万棟、死者 3,900 人などと想定されている。液状化は低地全域で生じるおそれがある。地震の発生が満潮時であり、また堤防が破壊された場合には、ほぼ標高 2m 以下の低地全域が津波により浸水する可能性がある。市西部を通る広島－己斐西縁断層帯が全長にわたって活動した場合、震源距離が非常に近いので最大震度は局地的に 6 強になり、死者 246 人、建物全壊 6,300 棟

などの被害が想定されている。マグニチュードは6.5と大きくないので強震動域は狭くなり、被害の全体規模は小さくなる。なお、この地震の発生確率は極めて小さいと考えられている。

5.6 高知－山地内の狭く低湿な平野に市街が立地する地区

(a) 地域災害環境

高知平野は四国山地南部の沈降域に形成された狭く低湿な盆地状の低地である。西南日本外帯に卓越する東西方向の地質構造に支配されて東西に細長く、分離丘陵群によりやや隔離された状態の物部川扇状地を除くと、東西の長さ12km、南北の幅4〜6kmである。南には標高100〜200mの丘陵が細長く延び、平野を土佐湾から隔てている。沈降は南北方向を軸としても生じたので、山稜に開口部が開き、この狭窄部を通って海は8kmほどの内陸にまで進入して、細長い浦戸湾をつくっている。その最大水深は22mとかなりの深さである。

この沈降域には鏡川・久万川。国分川・舟入川など多くの中小河川が流入し、その運搬土砂堆積により、海抜高0〜3mの低湿な三角州性低地が形成されている(**図51**)。比較的大きな河川は鏡川と国分川で、流域面積は共に160km^{2}ほどあり、これ以外は小規模河川である。国分川は、物部川扇状地の成長により土佐湾への直接流入が妨げられて、この低地に流入するようになったものである。

河川の埋め立て作用は緩慢で、中世のころには平野中央部に東西幅2〜3kmほどの内湾があり、周囲には干潟が広がっていた。現在の標高1m以下の地域は、近世以降の干拓地にあたる(**図52**)。干拓地の内陸側にはかつて広い塩田があったことが検地帳に記されているが、ここは干潟のような沿岸低地であったところである。地盤沈下や地震による沈降によって出現した標高0m以下の陸域が、現在10km^{2}存在する。四国南岸域は海溝型巨大地震(南海地震)による地盤沈降と、その後のゆっくりとした回復ということを繰返している。

平野北側の山地は標高300〜400m、南側の丘陵は標高100〜200mで、

第5章 主要都市の土地環境と自然災害リスク　109

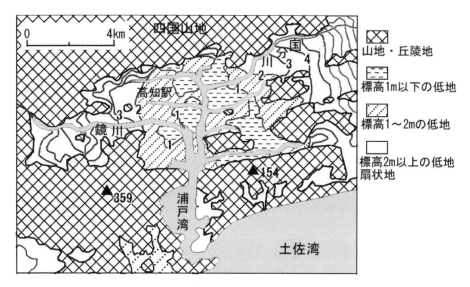

図51　高知平野中央部の地形

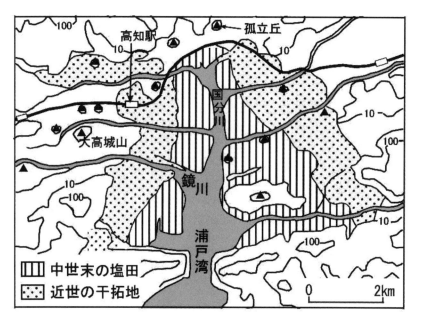

図52　近世以前の潮汐低地（干潟）の分布
(国土地理院, 1973)

固結した中生層の砂岩・泥岩などからなる。沈降山地であるのでかなりの急斜面をつくって低地に面している。扇状地など山麓堆積地形の発達はわずかであり、鏡川でも扇状地はごく小規模である。軟らかい地盤の沖積層の厚さは、浦戸湾北部で 30m ほどある。その等層厚線は、現在の水系にほぼ対応して樹枝状の湾入を示す。鏡川の中流域ではその厚さは 25m 程度である。

　平野内には標高 10 〜 40m の小さな島状の孤立丘が多数みられる。これは大きく沈降した山地の山頂部だけが地表面上にわずかに突き出ているもので、ここが沈降域であることをよく示している。低地西部にある小丘の一つ大高城山 (標高 38m) には、要衝の地とされ、中世から砦・城が築かれてきた。高知の街はこの城を取り巻いて展開した城下町である。大高城山は約 250m 四方という正方形状の小さな丘なので、武家屋敷や町屋は周囲の低湿地内に立地することになる。その地盤高は 3m 以下であり、南の鏡川、北の江の口川に挟まれている。このためここはもと「河内」とされていたものが、度々の水害をきらって「高地 (知)」に改名されたという経緯がある。この街はその生い立ちから水に弱いという宿命をもっている。

　戦国時代末に四国を平定した長宗我部元親は 1583 年にこの大高城山を居城地と定めたが、相次ぐ水害により他の地に移らざるを得なかった。関が原の役後にこの地に封ぜられた山内一豊は、1609 年に大高城山に改めて城を築き、水害対策を進めて周辺低地に武士・町民を住まわせた。こうしてこの街は幕末まで土佐 24 万石の城下町として栄えた。開城当時には城の東方にまで広がっていた海・干潟は埋立・干拓により陸地化され、現在では鏡川の流入地点までが国分川と呼ばれるように狭くなっている。

　明治 23 年には　市制が施行されたが、このときの人口は 2.2 万人、面積 2.8km^2 であった。明治 40 年の地形図では、大高城山の東西にそれぞれ 1.5km ほど伸びた細長い街が示されている。また、舟運の便を求めて鏡川沿いに家並みがつらなっている。おそらく江戸時代もこの規模の街が続いたであろう。土佐は山と海で囲まれた辺境の地であり、鉄道が敷かれたのは全国の県庁所在都市で最も遅い大正末である。以来、市街地は鏡川と北方の久万川との間の低地および鏡川南岸低地に拡大し、現在ではこの高知

平野内におよそ 30 万の人口がある（全市の人口は 34 万人）。浦戸湾東方低地の利用が少なく，ここの人口は 3 万人ほどである。高知県における低地の面積は県全域の 5% と非常に狭いので，高知平野に多くの人口が集まる結果になっている。

　四国南部は日本で有数の豪雨地帯・台風常襲地帯であり，また，海溝型巨大地震の震源域に直面している。高知平野は，山に囲まれ標高が低く地盤の悪い湾奥低地という危険な土地条件にある。したがって高知市では地震・津波・河川洪水・高潮・土砂の危険が総て存在し，日本の主要都市では自然災害リスクが最も高いグループに属する。

(b)　河川洪水・高潮災害

　高知気象台の年平均降水量 2,548mm は，全国に 80 箇所ある気象官署中で 4 番目，島嶼部と豪雪地帯を除くと，尾鷲に次ぎ 2 番目である。全国に 110 ある人口 30 万以上の都市中では最大の年降水量である。水害が発生し始める大まかな目安の，日降水量 100mm を超える日数の年平均値は 4.4 日で，これはやはり尾鷲に次ぎ 2 番目であり，関東に比べおよそ 5 倍という大きさである。高知における日降水量の最大記録は 629mm、最大 1 時間雨量は 130mm である。

　台風の中心が 300km 以内に近づくのを台風接近という。日本本土に来襲する台風は，太平洋高気圧の西縁を回りこむようにして南西諸島南方に達したところで，偏西風に乗って北東に進行し，西日本に来襲する，というのが大部分である。したがって四国南部〜九州南部では台風接近数が最も多くなり，年平均 2.5 個ほどである。なお，本土上陸台風は年平均 2.8 個である。四国には室戸台風・第二室戸台風など強い台風が来襲することが多く，室戸岬（高知平野の南東 70km）では日本で最大の風速 69.8m/s を記録している。

　四国南部はこのような豪雨地帯・台風常襲地帯なので，頻繁に風水害を被っている。高知市資料によると，高知県では最近 45 年間に年平均 1 回の頻度で，かなりの被害が生じた風水害が発生している。このうちの半分が台風，半分が前線活動などの豪雨によるものである。

高知市に最近100年間で最大の被害をもたらしたのは1970年の台風10号（別名、土佐湾台風）である。高知県西部に中心気圧950hPaの強い勢力で上陸した台風は北進して日本海に抜けた。進行右側の強風域に入った高知市では最大瞬間風速54.3m/sを記録し、大きな高潮が土佐湾で発生した。浦戸湾出口の西岸にある桂浜験潮所では最高潮位3.5m、最大偏差（天文潮を除いた潮位）2.4mを記録した。折悪しく大潮の満潮時であったため、高潮は非常に高くなった。

土佐湾は大きく開けているので、強風の海水吹寄せによる海岸での海面上昇はあまり大きくはならない。戦後最強であった1961年第二室戸台風でも最大潮位偏差は0.9m（最高潮位2.7m）であった。1970年以前に記録した最大潮位偏差は1960年台風16号による1.2m、最高潮位は1953年台風13号による2.8mである。台風10号はこれらの記録を大きく更新したもので、強風が長時間続いたことなどにより吹寄せの効果が非常に大きくなった。高知における最低気圧は980hPaであり、低い気圧による海水吸上げ量はわずかであった。

外海で4mを超えた高潮は、北東から延びる砂嘴により大きく狭められた湾口部を抜けて浦戸湾に進入した。通常、湾内では海水押し込めにより潮位が高くなるが、狭窄部が2箇所あるなどの湾地形により、潮位の増大はなくて、鏡川流入地点で最高潮位は3.1mであった。この高潮は沿岸低地に進入し、ほぼ標高3m以下の範囲を浸した（**図53**）。海岸での潮位は台風が遠ざかるとともに低下し、通常5〜6時間で平常に戻る。しかしこの高潮では潮位低下が遅くて、浸水時間が長びいた。

台風10号による高知市の被害は、死者6人、住家流失38戸、全壊236戸、半壊1,759戸、床上浸水10,940戸、床下浸水18,306戸などであった。中心市街のある平野西部（国分川西方）が広く浸水したので、建物被害が多くなった。人的被害は、台風来襲が朝9時ごろであったのが幸いし、少なくて済んだ。最大日降水量136mm、最大時間雨量52mmと、雨はさほど強くなかったので、被害の大部分は高潮と高波（最大8m）によるもので、土砂災害はわずかであった。

河川氾濫災害は毎年のように起こっている。高知平野には西から鏡川が、

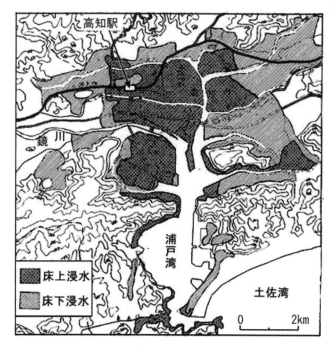

図53　1970年台風10号の高潮浸水域
(国土地理院, 1973)

東から国分川が流入している。両川の流域は平野北方山地にそれぞれ大きく曲がりこんでいて、平野中央部の北方が両川の流域界になっている。したがって、豪雨域が少し西か東にかたよることによって、主要氾濫域が平野西部の鏡川流域か東部の国分川流域かの違いになって現れる。市街地は平野西部にあるので、鏡川が氾濫すると被害がより大きくなる。

1972年9月の秋雨前線豪雨では、国分川の上流域である平野東部の北方山地で雨が最も強く、総雨量は700mmを超えた。このため国分川は著しい出水となり、2箇所で破堤し平野東部が全面的に浸水した。平野内でも雨は強くて、高知気象台における総雨量は543mmに達し、内水氾濫が各所で発生した。高知市の被害は、死者11人、家屋全半壊31棟、浸水13,592棟などで、土砂災害もかなり生じた。

1976年9月の台風17号の豪雨では、鏡川が氾濫して中心市街が全面浸水したので、住家浸水被害が大きくなった。高知市の被害は、死者9人、

住家全半壊 175 棟、浸水 37,130 棟などであった。国分川流域での浸水はわずかであった。1972 年の洪水に比べ浸水面積はやや小さかったものの市中心部が浸水したので住家浸水数は 2.7 倍にもなった。高知における最大日雨量は第 2 位の 525mm であった。台風は九州南西海上で長時間停滞したので雨が長く続き、総降雨量（6 日間）は 1,305mm にも達した。

　1998 年 9 月の秋雨前線による集中豪雨は記録的なものであった。最大日降水量 629mm、最大 1 時間降水量 130mm は、最近 40 年間で最大である。高知市の被害は、死者 7 人、住家全半壊 33 棟、浸水 14,559 棟であった。浸水は市東部が中心であった。雨の強さのわりには、浸水規模や被害は大きくなかったといえる。

　高知市における急傾斜地崩壊危険箇所は 784、土石流危険渓流は 239 である。山地・丘陵地の縁辺に市街地が進展しつつあるので、土砂災害の危険は大きくなってきている。1998 年の豪雨では、崖崩れが 129 箇所で発生し死者 1 人などをだした。これはその時の 1 時間 130mm という降雨強度に比べわずかであり、比較的崩れにくい地質・地形条件にあると考えられる。

(c)　地震・津波災害

　この地域に最も大きな影響を及ぼす地震は、南海トラフにおいて繰返し起こる巨大地震である。四国内陸を震源とする被害地震はほとんど起こっていない。四国の活断層は北部を東西に走る中央構造線断層帯にほぼ限られる。これは日本列島の大構造をつくる主構造線で、典型的な活断層地形をつくっている。活動度は A 級とされているが、平均活動間隔 1000 ～ 2000 年で、最新活動時期は 16 世紀であるので、今後 30 年に地震（M7.5 ～ 8.0）が発生する確率は 0 ～ 0.3％と高くは評価されていない。

　瀬戸内海西部の安芸灘では、芸予地震とよばれる M7 前後の地震が約 70 年に 1 回の頻度で起こっている。震央距離は 100km ほどあり、震源の深さは 50km 前後と深いので、高知市では大きな揺れにはならない。M7.3 と強かった 1905 年の芸予地震でも震度は 4 であった。

　南海トラフは、南から移動してくるフィリピン海プレートがユーラシアプレートの下に潜り込んでいる場所で、水深 4,000m ほどの舟状海盆（ト

ラフ）になっている。フィリピン海プレートの移動速度は年5cmほどあり、これにより生じる地殻歪みを解消するためにM8クラスの巨大地震が周期的に起こっている。足摺岬沖から潮岬沖までの間のトラフ陸側の海域で起こる地震を南海地震と呼ぶが、これは最近1300年間に11回（文書記録のないもの3回を含む）、平均120年の間隔で発生している。トラフ軸は土佐湾岸から300kmほど離れているが、震源域は陸側にあり、規模が大きいと震源域が陸地にかかるほどになるので、陸上での揺れは強くなる。津波は10分以内に太平洋岸に到達し大きな被害を引き起こしている。

　最も大きかったのは1707年宝永地震で、駿河湾までの南海トラフ全域が活動したので、規模はM8.6と巨大であった。被害史料の信頼度は必ずしも高くはないが、土佐藩領内の被害が最も大きかったようである。現在の高知県域における被害は、死者1,844人、家屋流失11,170戸、全壊4,863戸、半壊1,742戸などとされている。最大津波高は土佐清水10m、宇佐8〜13m、浦戸湾口の桂浜で5〜6mと記録にある。浦戸湾口の砂州先端にある種崎では、死者700余人をだした。高知市の震度は6〜7で、家屋倒壊も多数生じた。

　記録に残されている津波浸水域図では（**図54**）、1970年高潮とほぼ同じ浸水範囲を示しており、浦戸湾奥における津波高は3m程度であったと思われる。津波の周期は短いので狭窄部のある狭い湾内では、波の高さは外海よりもかなり低下する。地震により地盤沈降が生じ、浦戸湾沿岸の20km^{2}が最大2mほど低くなったので、浸水域を広く、また浸水期間を長くした。

　1854年の安政南海地震（M8.4）による津波は、浦戸湾口で5m、湾奥で3mとされている。浸水域は宝永地震よりも狭く、標高およそ2.5mが進入限界であった。被害は土佐領内で死者372人、家屋流失3,202戸、全壊3,032戸、全焼2,481戸であり、津波の他に火災の被害も大きかった。

　最後の南海地震は70年前の1946年に発生し規模はM8.0である。津波の高さは、浦戸湾口で2m、湾奥で0.5mであり、浸水域は最大1mの沈降により低くなった干拓地起源の沿岸低地にほぼ限られた。高知市の被害は、死者231人、家屋倒壊3,132戸、浸水1,881戸などで、強い地震動による

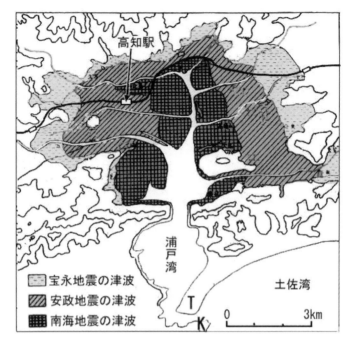

図54 過去の大津波の浸水域
(国土地理院, 1973)

被害が多く発生した。全壊率は湾沿岸部の沖積層厚 20m 以上域で 50%、10〜20m 域で 20%、10m 未満の地域で 5% 以下であった。

　現在、南海地震が今後 30 年内に起こる確率は 60〜70% と評価されている。これが生じた場合に高知市にて想定される被害は、最大のケースで、死者 1.2 万人 (内津波 1 万人)、住家被害 5.2 万棟 (内津波 1.6 万棟、揺れ 3.2 万棟) などとされている。土佐湾岸で 10m、浦戸湾で 2〜4m と想定される津波による浸水域は宝永地震とほぼ同じであるが、被害は数倍にもなるおそれがある。

第 5 章　主要都市の土地環境と自然災害リスク　117

5.7　長崎-山地内に市街が展開し土砂災害リスクが非常に大きい地区

(a)　地域災害環境

　九州北西部は、ほぼ山地・丘陵で占められる多数の半島と島嶼からなっており、海岸は出入りの大きい入り組んだリアス状を呈している。この南西端には長さ 30km の長崎半島が突き出ており、その根元にある奥深い長崎湾の湾奥に、長崎の街はある。この長崎地区も大部分が中起伏の山地からなり、河川・海岸の沖積低地はわずかである。山地の標高は最大で500m ほどで、高くはない。このような地形の場に展開する地域では、土砂および激しい洪水の危険は避け得ないものとなる。なお、長崎県は山地・丘陵の面積比率が 78％ と日本で最大である。

　長崎は鎖国時代に海外との交流が許され世界につながる唯一の窓口であった。街の母体は、鎌倉時代にこの地の地頭御家人になった長崎氏が、中島川東方の山地縁に築いた山城の城下町である。戦国時代になり、外国の商人たちが天然の良港の長崎浦を貿易港と定め、また、各地のキリシタンや戦乱から逃れた難民などが移住してきて、中島川低地に街が広がった。

　鎖国政策に転換した江戸幕府は 1634 年に、中島川河口部に広さ 13ha の出島をつくり、散在していたポルトガル人やオランダ人をここに住まわせた。中島川低地の北方にある山地の南端からは、標高 10m 前後の台地が伸びており、その先に扇形の出島はつくられた。台地の先端には幕府による監視の番所がおかれたが、現在ここは県庁になっている。災害の危険が小さいこの台地上には公共の施設などが設置され、町家・商店街は主として中島川沿いの低地に展開していた。

　幕末における開国以降は、欧米各国の貿易商などがやってきて、長崎は日本の主要な貿易港となった。外国人居住地は中島川河口部南方から長崎港東岸にかけての地区に定められ、居住地選好の違いから、山地内にも住宅地が進展した。明治中期の地形図では、この地区において山地斜面に市街地が広がっているのに対し、その他の地区（日本人の街）では山地縁が市街地境界になっていて、両者の違いが明瞭である。言うまでもなく、山地の市街化は土砂災害の危険をもたらす。一方、河川低地では洪水の危険が

あり、勾配が大きい谷底低地では、激しい勢力の洪水が起こるおそれがある。

　長崎市の人口は、1889 年 (明治 22 年) に 5.4 万人であったが、1903 年 (明治 36 年) には 17.6 万人と増加し、6 大都市に次ぐ第 7 位の都市となっていた。その後、横浜港・神戸港などの発展により、長崎の貿易港としての地位は急速に低下して、明治末には貿易量が全国の 1% ほどにも減少した。これに代わって造船を主とした重工業が盛んになり、軍需産業都市となって、1940 年の人口は 25 万人に増大した。これにより、市街地は浦上川流域や長崎湾西岸などに急速に拡大した。

　この地域の地形を間隔 5m の等高線で示したのが**図 55** である。急傾斜のため等高線間隔が密になり黒くつぶれているところが山地部であり、緩起伏で丘陵状のところおよび山麓や谷の緩傾斜地は白が浮き出ている。浦上川の低地はやや広く、山地縁辺には台地状の緩傾斜地が広く分布するので、この浦上川流域内に市街地が大きく拡大した。外国人居住地とされた中島川南方地区は丘陵状であるので、坂の街の山手地区をつくりやすい地形条件下にあった。

　山地の標高はほぼ 500m 以下で中起伏である。この地域の地質は安山岩とそれに挟まれる安山岩質角礫凝灰岩を主とし、部分的に閃緑岩がある。角礫凝灰岩はかなり風化・粘土化しているのに対し、安山岩は全体として堅硬である。角礫凝灰岩は南部にかなり広く分布する。これは多孔質で透水性が大きいので、侵食されにくくて緩傾斜面をつくっているところがみられる。

　扇状地のような新しい堆積地形はほとんどなく、中島川でわずかにみられる程度である。浦上川流域に広く分布する山麓緩傾斜面は、形成後の側侵食によりほとんどが段化している。沖積層厚は浦上川低地で最大 20m、中島川低地で 7m ほどである。山地に挟まれていても長崎湾の水深はかなりの深さを示す。これらのことは、山地の侵食と土砂の生産・流出、したがって土砂災害の強度・頻度は、あまり大きくはないことを示している。

　図 56 は 1/50,000 地形図により、山地内への市街地進展の状態を示したものである。図中の白線は沖積低地との境界であり、その内陸側の山地・丘陵域に市街地が広がっている。現在の長崎市人口は、市域が大きく拡大

第5章 主要都市の土地環境と自然災害リスク 119

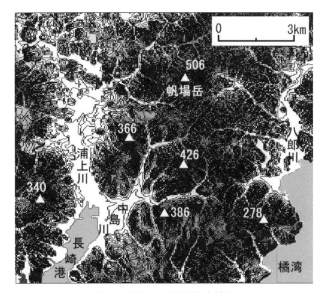

図55 長崎の5m間隔等高線図

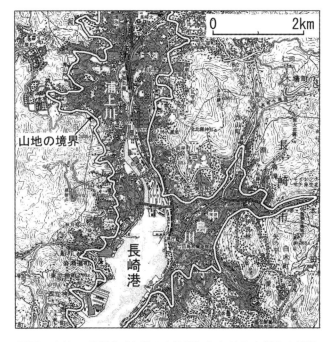

図56 山地・丘陵域（白線の内陸側）における市街化の状況

したこともあって43万人であり、これを収容するために市街化が山地に大きく進展した。宅地化域上端の標高は200mに達している。中心地区の中島川低地を囲む山地、および緩傾斜地の多い浦上川低地の周辺山地はとくに著しく市街化されている。

(b) 豪雨災害

長崎県における土砂災害危険箇所数は、土石流危険渓流6,196、急傾斜地崩壊危険箇所8,866、地すべり危険箇所1,189で、この総数16,231は全都道府県中9番目である。ただしこれを山地・丘陵地の単位面積あたりでみると全国で最大であり、危険箇所数が最多の広島県のそれに比べ1.4倍である。なお地すべりは、県北部の北松浦半島に集中している。

九州は豪雨地帯である。長崎における日降水量100 mm以上の豪雨の年平均日数は2日で、これは北日本のおよそ5倍、関東のおよそ2.5倍である。しかし、長崎における豪雨災害の件数はさほど多いものではない。

1982年7月の長崎豪雨では、長崎市において死者262人、住家全壊447棟などの大災害が生じた。江戸時代も含めこれ以前にこのような大きな災害の記録はない。1957年7月には、北東20kmのところにある諫早において、死者539人、住家流失・全壊727戸などの激甚な洪水災害が発生したが、集中豪雨の範囲からはずれた長崎では被害はわずかであった。1953年6月には九州の北・中部において死者734人、住家流失・全壊5,765棟などの大被害をもたらした西日本水害が発生したが、長崎での被害はわずかであった。

市街が山地内に展開するという都市立地条件からみると、長崎の豪雨災害の危険度は非常に大きい。長崎の土砂災害リスクは日本の主要都市中で最大である。山地内に市街の大部分が立地している都市は、日本の大都市および地域中核都市（人口20万以上）中、長崎だけである。

山地内を流れる河川の、急勾配で狭い谷底低地では、上流域に豪雨が降るとその谷底で流速・水深の大きい激しい洪水が発生して、大きな被害をもたらしている。1957年の諫早水害はその典型例である。中島川の市街地部は、この激しい山地河川洪水を被るおそれのある地形条件下にあ

る。中島川低地と上流域の地形およびこれまでの全国の災害事例に基づくと、流域平均の 24 時間雨量が 500mm を超えた場合に、住家全半壊およそ 50 棟以上の破壊をもたらす激しい洪水が発生すると算定される。1982 年の雨量はこの限界値に近い大きさであった。

1982 年 7 月 23 日夜長崎地区は、停滞した前線へ南方にある台風からの湿った気流が流入して、激しい集中豪雨に見舞われた。豪雨域の幅は 30 〜 40km 程度、豪雨の継続は 4 〜 5 時間で、時間と場所についてきわめて集中した豪雨であった。長崎市の北に隣接する長与町において観測された最大 1 時間雨量 187mm は、現在でも日本最大の記録である。市街中心部にある長崎気象台では最大 24 時間雨量 553mm、最大 1 時間雨量 122mm であり、共に既往最大を大きく上回った。

この記録的な集中豪雨により、山崩れ・崖崩れ・土石流・渓流洪水・河川の氾濫・内水氾濫などが同時的に多発し、死者 299 人（内長崎市 262 人）、住家流失全壊 584 棟、同半壊 954 棟、床上浸水 17,909 棟などの大きな被害が生じた。また、電力・ガス・水道等のライフラインの機能停止、交通通信路の切断、都市公共施設の被災、自動車の大量流失など、都市型被害が大きな規模で複合的に発生した。

斜面崩壊・土石流は 1 時間降雨強度の大きかった市東北部の八郎川流域を中心にして多数発生した。この発生密度は降雨強度のわりには高いものではなく、花崗岩などに比べ、この地区の安山岩は比較的崩れにくいと判断される。県下における斜面崩壊発生数は 4,457、土石流発生渓流は 83 であった。土砂災害による死者は 262 人で、全体の 88％を占めた。八郎川・浦上川・中島川などの沖積低地・谷底低地では全面にわたって氾濫が生じた。洪水による死者は 37 人であった。

死者の多くは少数の山崩れと土石流により生じた（**図 57**）。10 人以上の死者を出した山崩れ・土石流は 7 件であるが、これだけで土砂による死者総数の半分を占めた。生き埋めが生じたのは 30 箇所であった。

自動車に乗っていて流されたことによる死者が 12 人と、洪水死者の 4 割も占めたことが一つの特色であった。近年重大視されている地下空間への氾濫水の流入は、すでにこの災害時でも生じており、大病院の地下機械

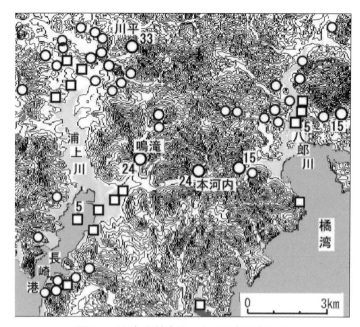

図57　1982年長崎豪雨による死者発生地点
数字は死者数(土砂災害については10人以上、洪水については5人以上のみ記す)　丸は斜面崩壊・土石流, 四角は洪水によるもの

室の浸水による診療機能の大きな障害も起こった。

　雨は夕刻から降り始め、7時ごろから急にその激しさを増し、8時ごろには10分間雨量で30〜40mmのピークに達し、その後3〜4時間、強い雨が降り続いた。この急速な強雨の立ち上がりに対応して、山崩れ・土石流・河川の氾濫などが同時的に発生し、11時ごろまで続いた。市消防局の38回線ある119番は、8時ごろからは殺到する通報でほとんどつながらない状態になった。このため警察や市役所にまで通報が押し寄せた。雨が激しくなるにつれ、市内の各所で災害が発生し、たちまち多くの市民が危険に巻き込まれていったことがよくうかがわれる。

　しかし、通報を受けても出動することはたちまち不可能となり、自主的な対応策を電話で伝えるだけという状態に陥った。山地内に入り組んだ市街を展開させている都市の住民は、中心街から遠くないところではあっても、豪雨災害時に外部からの援助がすぐに来るとは期待せず、各個人ある

いは小地区住民の判断と行動によって危険に対処するという心構えが必要である。山地域では交通路は完全に遮断され孤立状態がたやすく出現する。また、雨が強くなると危険が急迫する。危険を感じた頃にはすでに遅いということにもなりかねない。その危険は背後の斜面や谷からも、また足元の川からもといったように多方向から襲来し、しかもそれは小地区ごと家ごとに異なる。常日頃から危険の種類・性質と安全な場所を見極めておいて、緊急時に的確な行動が起こせるように準備しておくことが望まれる。

(c) 地震災害

長崎の東方には雲仙断層群があり、有明海南部から島原半島を経て東長崎の沖にあたる橘湾西部にまで伸びている。この活動による最近の地震は、1922年のM6.9とM6.5の連続地震で、死者26人、住家全半壊856戸などの被害を、主として島原地域で引き起こした。震央からの距離30kmの長崎では、被害はなかった。現在、雲仙断層群南西部において今後30年以内に地震（M7.3程度）が発生する確率は0%〜4%と評価されている。長崎県には、島原断層以外の活動的な活断層はない。1657年の地震（M不明）では、長崎で被害大という記録があるが詳細は不明である。1725年にはM6.0の直下地震があり、かなりの被害が生じたようである。この地域における被害地震の記録はわずかであり、地震危険度は全国でも低い部類に入る。地区の地盤条件は良好である。

50km東方にある雲仙岳は、活動が最も活発とされるAランク活火山（全国総数18）の一つである。1990〜1994年の噴火活動では、火砕流が火山の東面と北面を覆った。長崎は偏西風の風上側にあるので、噴火時の降灰による危険は小さい。

5.8　静岡―大量の砂礫を運搬する河川が海岸域につくる平野

(a) 地域の形成

静岡の市街は、1585年に徳川家康が築いた駿府城の城下を中核として発展してきた。城は安倍川扇状地のやや東寄り側面にあり、北から大きく

突き出ている賤機山の陰になっていて、西を流れる安倍川の氾濫の直撃が避けられるような位置にある。

　江戸時代を通じてここは幕府の直轄領とされて城主はおかれず、江戸から輪番制で派遣される城代の統治下にあったので、武家屋敷町の形成は最小限であった。このため東海道の要衝であったにも拘わらず城下の拡大はほとんどなく、人口は1.5万人程度で推移していた。明治になってからは軍都の性格をもつ街になった。

　市街が土地条件のより悪い扇状地周辺域にまで拡大したのは戦後の高度成長期以降のことである。2003年には10km東にある清水市（人口23万人）と合併して二極都市となり、現在では人口70万人、面積では日本有数の広さの大きな都市になっている。

　清水の街は三保砂礫州に囲まれた内湾に面し、天然の良港の港町として発展してきた。ここは昔から江戸と大阪との間にある中継地としての役割をもっていたが、日本の主要港湾となったのは明治後期以降のことである。標高の低い沿岸砂州地帯に位置しているので、土地環境は静岡に比べ悪い。

　市内を流れる巴川は、安倍川とは全く異なり土砂搬出の少ない河川なので、砂泥質の低湿地を広げている。南の有度山丘陵と北の庵原山地に挟まれ、最も狭いところでは幅1.5kmほどでしかない巴川低地内を、日本の動脈である東海道新幹線・東海道本線・東名高速道路、国道1号線とそのバイパスなどが通じている。災害によりこれらの機能が麻痺すると、非常に大きな社会経済的影響が生じるおそれがある。

(b)　地形・地質条件

　この地域は、安倍川扇状地、巴川低地、清水砂堆、三保砂礫州、有度山丘陵などの地形からなる（図58）。この多種類の地形がつくられたのには、大量の砂礫を運搬する安倍川、南に離れ島状に孤立している有度山・日本平の洪積丘陵、南海トラフが入り込み水深の深い駿河湾、の存在が大きく関わっている。

　安倍川は南アルプス南部の標高2,000mの高起伏山地から南にほぼまっすぐ50km流れて駿河湾に注ぐ急勾配河川である。本州を東西に二分する

第5章　主要都市の土地環境と自然災害リスク　125

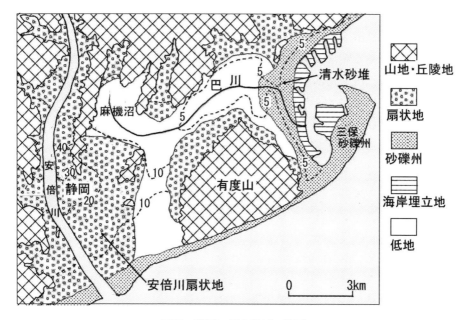

図58　静岡・清水地域の地形

　糸魚川・静岡構造線がすぐ東を南北に走っており、この地質構造に支配された山稜と水系の配列を示す。源頭部には大谷崩れと呼ばれる巨大崩壊地があり、多量の砂礫を供給しているので、海に臨んで平均1/200という急勾配の扇状地平野が発達している。扇状地河川の常として広い河原の砂礫堆の中を河流は網状に流れており、その河原の広さ（鉄道橋の長さに等しい）は、南アルプスから流れ出る富士川・大井川・天竜川の大河川のそれに匹敵する大きさである。延長50kmという規模の小さい河川にしては非常に大量の砂礫を運搬していることが、このことからよくわかる。

　大谷崩れは土砂量1.2m³の巨大崩壊で、16〜18世紀に豪雨および地震により発生し拡大してきたとされている。崩壊地の比高は700m、面積は1.8km²である。大量の流出土砂は安倍川河床を100mもの厚さで埋め、延長7kmにわたって高い土石流段丘群をつくっている。多量の土砂生産はこの大崩壊発生の以前からも続いており、静岡市街南部にある弥生時代の登呂遺跡の発掘から、弥生後期以降の千数百年間に10mの厚さの堆積が

生じたことが知られている。これは年 1cm に近い速さの堆積速度であり、安倍川の土砂搬出量が非常に多いことを示す。

賤機山のある非常に細長い山稜が安倍川に沿って大きく南に突き出し、東側にある巴川上流の麻機沼低地を隔てている。これにより安倍川の運搬砂礫は谷底内に閉じ込められ堆積するので、安倍川河床と麻機沼低地との標高差は 50m にもなっている。この山稜の突き出しが小さかったならば、巴川低地上流部は安倍川の扇状地になり、地盤条件は全く異なったものになっていたはずである。

河口からの流出砂礫は、海が深いため海岸線を前進させることがほとんどできず、強い沿岸流により東へ運ばれて、有度山の東端に三保砂礫州を形成した。安部川は海にまで粗粒の礫を運ぶので、砂州ではなくて砂礫洲がつくられる。供給砂礫には波・沿岸流による有度山南面の侵食によるものも含まれる。有度山は主として洪積砂礫からなるので、容易に侵食を受ける。安倍川河口から有度山南面にかけての海岸にも、標高 6 ～ 8m の砂礫州が連続して発達する。

海が浅いと砂礫洲はまっすぐ沖へ伸び、小さい湾では湾口が閉ざされるが、駿河湾は非常に深いので沖に向かって成長することができず、海岸寄りの浅い方へ回り込むように砂礫洲は成長した。沿岸流はこの海岸線に沿い回りこむように流れるので、鈎形の砂礫洲がさらに発達し、大きな鈎状分岐砂礫洲が形成された。風成の砂丘も乗せるので最大標高は 15m ほどあり、三保の松原のある景勝の地になっている。

日本平のある有度山 (307m) は、急速なドーム状隆起により形成された洪積丘陵である。山体の上半部は 10 万年ほど前に堆積した安倍川扇状地礫層 (厚さ 150m) で構成されている。これは安倍川が上流山地から運搬してきたものであることが岩種からわかる。現在の高さは 300m なので、平均隆起速度は 3mm ／年になる。この速度は日本では最大級の速さである。

隆起ドームの南半部は海食により消失して平面形は半月状になり、海に面して急崖が直線的に伸びている。頂部に残る平坦面が、富士山や三保の松原の眺望の良い日本平である。約 6,000 年前の高海水準期には、安倍川扇状地の形成はまだ進んでいなかったので、この丘陵の周囲に海が入りこ

み、有度山は南に浮かぶ島になっていた。隆起軸は北北東に伸びており、清水砂堆がこの方向に発達した。砂堆は 3 〜 4 列あり標高は海側が 2m ほど、内陸側は最大 10m ほどである。その形成は三保砂礫州の形成以前である。

　巴川低地は、これらの安倍川扇状地、有度山丘陵および北方の庵原山地に囲まれ、出口は清水砂堆に塞がれた低湿地になっている。庵原山地は標高 1,000m 以下の中起伏山地で土砂生産量は少ないので、低地の埋積は進んでいない。ここの地下には埋没谷があり、軟らかい砂泥質沖積層の厚さは有度山北方で最大 35m ほどある。賤機山の東面にある標高 7 〜 8m の麻機沼低地は最近まで水面が広がっていた凹地で、軟弱沖積層の厚さは最大 50m に達し、表層には 10m の厚さの有機質土が堆積している。かつて麻機沼の水は有度山丘陵の西を流れ現在の大谷川を経て海に注いでいたが、安倍川扇状地の成長により塞がれて、巴川の方に流れを変えた。

(C) 洪水災害

　安倍川と巴川は性質を大きく異にする河川なので、発生する洪水もまた異なった様相を示す。安倍川は大量の砂礫を搬出する急勾配河川で大きな砂礫扇状地をつくっている。このような河川は扇状地部で流路位置が定まらず幾筋にも分流し、主流方向をときに大きく変化させるので、荒れ川として知られる。多数あった安倍川流路は室町時代以降しだいに西の方へ向けられて、現在のように西から流れる藁科川との合流位置に固定された。河幅はおよそ 600m、河床勾配は、南に突き出す賤機山山稜に制約されている谷底低地部において 1/160、扇状地部において 1/200 とかなりの大きさを示す。水流の強さは水深のおよそ 2 乗と地表面勾配との積で与えられるので、流れの広がりが制約されて水深が大きくなり勾配の大きい谷底低地部では、激しい洪水流が発生する可能性がある。

　大きな洪水災害は 1914 年（大正 3 年）に起こり、谷底低地部はほぼ全面浸水して、扇状地部では左岸寄りの幅 1 〜 1.5km の範囲が浸水した。賤機山地先端近くから南西に伸びる旧堤防（霞堤）の効果により、市街中心部への浸水はかなり防がれた。被害は死者 4 人、家屋全半壊 372 戸、床上浸水 6,556 戸などであった。南に突き出す賤機山地の存在、および扇状地の峯（標高

の最も高い主軸）が賤機山先端から南東に静岡駅方向に伸びていることのために、安倍川の氾濫は扇状地面上に広くは及ばない。駿府城はこのことを考慮して築城の場所が決められたと思われる。

この災害から100年経っているが、安倍川氾濫の被害はその後わずかしか生じていない。これには安倍川河床の低下が関係している。1960年代からの高度経済成長期における骨材需要増大に応えて、大量の河床砂利採取が行われ、河床高が最大3mほども低下した。このため海へ流出する砂礫量が減少して三保の松原までの区間で海岸侵食が進行したので、砂を人為供給する養浜工事が行われる事態になった。その後の砂利採取規制により河床は上昇傾向に転じたので、2000年以降は河床掘削が行われている。

現在安倍川河床は扇状地面よりも2〜3m低くなっているので、大きな出水でなければ扇状地への氾濫は生じないであろう。静岡は全国の県庁所在地では2番目に雨量が多いという豪雨地帯にあり、河床には非常に大量の土砂礫が堆積しているにも拘わらず、現在のところ下流への流出土砂量は多くはないようである。計画洪水流量は5,500m³/sとされているが、流域面積540km²という規模の河川としては、これはかなり大きな流量である。

一方巴川は潟起源の低湿地が流域の1/3近くを占めるという緩勾配河川で、ここにおける洪水形態は主として内水氾濫になる。1974年7月7日の通称七夕豪雨により、巴川低地は全面浸水した（**図59**）。浸水面積は26km²で、清水砂堆背後の巴川低地では最大浸水深が3mに達した。旧麻機沼の凹地では標高9m以下の範囲が浸水した。ピーク時の雨量が7時間で444mmときわめて激しいものであったので、斜面崩壊も多数発生した。

被害は静岡市で死者23人、住家全壊149戸、半壊112戸、床上浸水9,391戸、床下浸水13,160戸、清水市では死者4人、住家全壊9戸、半壊15戸、床上浸水8,311戸、床下浸水9,490戸であった。静岡市では斜面崩壊により21人の死者がでた。住家全半壊の被害のほとんどは斜面崩壊によるものである。なお、静岡全県の死者は44人で、うち35人が斜面崩壊が原因であった。清水市ではほぼ浸水被害だけであった。

斜面崩壊の発生数は、有度山丘陵で310、静岡市街の北方山地で42、西方山地で77と多数であったが、死者発生の崩壊は6箇所に限られた。市

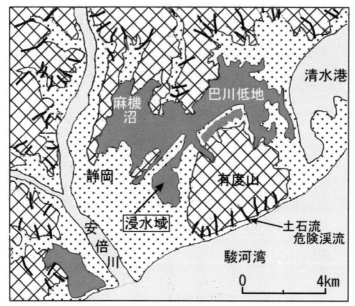

図59　1974年7月豪雨による浸水域
(国土庁, 1983)

街北方の賤機山の西斜面および東斜面の2箇所で死者8人および7人という災害が発生した。豪雨は深夜であったことと崩壊が多数であったことを考慮すると、この死者数はかなり少ないものである。

有度山は未固結の洪積砂礫層で構成されているので崩れやすく、とくに南面の急な海食崖では多数の崩壊地がある。1935年静岡地震ではこの南面海食崖で崩壊が多数発生した。なお、2014年末現在、静岡市における土砂災害警戒区域の指定数は1,505である。

この1974年水害後の30年間において、浸水家屋が生じた水害は10回、3年に1回の頻度で起こっている。低湿地への市街化の進展により、浸水被害の発生件数は増加している。1999年には有度山丘陵の西方を通じる大谷川放水路が開削されて、巴川上流部の水位がある値を超えるとこの放水路からまっすぐ駿河湾へ排水されるようになった。

(d) 地震・津波災害

　静岡・清水地域に大きな被害をもたらすおそれのある地震は、駿河トラフ（南海トラフ東端部）における海溝型巨大地震である（図60）。直下で起こる震源の浅い地震もしばしば起こっている。近くにある活動的な活断層には、北東に25km離れた富士川河口断層帯がある。フォッサマグナ西縁を境する糸魚川・静岡構造線は静岡市街北方にまで達しているが、この断層帯の南部の活動度は高くないと評価されている。

　静岡市周辺では、1589年（M6.7）、1841年（M6.3）、1857年（M6.3）、1917年（M6.3）、1935年（M6.4）、1965年（M6.1）と、震源深さが20～30kmのM6地震がたびたび起こっている。被害が最も大きかったのは1935年の静岡地震である。震源は市街南東部の地下10kmで、まさしく直下の地震であった。最大震度は6で、大きな被害は有度山の西縁～北縁で発生した。西南端の集落では全壊率が30％を超えた。地形境界での地震動増幅が生じた

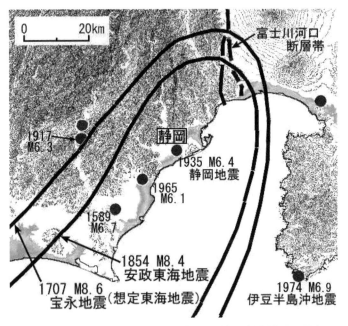

図60　南海トラフ大地震の震源域および主要被害地震の震央
（地震調査研究推進本部，2008による）

第5章　主要都市の土地環境と自然災害リスク　131

と推定されている。安倍川扇状地では震源にきわめて近かったものの家屋
全半壊などはほとんど生じなかった。静岡市の被害は死者8人、全壊237戸、
半壊1412戸、清水市の被害は死者1人、全壊53戸、半壊263戸、有度村
で全壊73戸、半壊151戸であった。

　駿河トラフが活動した巨大地震は、1854年安政東海地震（M8.4）、1707年
宝永南海・東海地震（M8.6）、1605年慶長南海・東海地震（M7.9）、1498年明
応東海地震（M8.3）、1096年永長東海地震（M8.3）があり、その平均発生間隔
は120年である。これらの地震では、静岡・清水地域は完全に震源域の中
に入る。安政東海地震では、清水地域で死者87人、住家全壊・焼失1,327戸、
静岡（府中）地域で死者64人、住家全壊・焼失1,542戸と記録されている。

　1944年の東南海地震（M7.9）は震源が熊野灘であり、駿河トラフは活動し
なかった。清水市は震源から180kmも離れていたが、三保から興津に至
る清水湾岸地域を中心に、住家全壊620戸（全壊率4.7%）、半壊1,496戸な
どの局地的に大きな被害が生じた。清水港における津波は2mなので、津
波被害もかなりあったと思われる。なお静岡では被害はなかった。

　1970年代には次の東海地震発生が差し迫っているとされ、観測と防災
の体制が強化された。しかし平均発生間隔をかなり過ぎてもまだ起こって
いない。代わって現在では、南海トラフ全体が連動して起こるM9クラス
の巨大規模地震の発生が懸念されている。

　静岡県の被害想定では、南海トラフ巨大地震（M9程度）の場合、静岡・
清水低地では震度6強〜7の揺れが生じ、最大12mの津波が襲来して、
静岡市（全3区）における被害は、死者数15,300（うち津波で12,600、建物倒壊
で1,700など）、住家全壊数56,000（揺れ47,000、津波3,000など）、焼失32,000
などとされている。市街地の津波浸水は、清水港周辺、三保砂礫州北岸地区、
用宗港周辺（安倍川河口の西）で生じ、浸水深は1〜3m程度である。到達
域は海岸からほぼ1km以内である。一般に津波被害は、市街地での水深
が2mを超えると急速に増大する。

　震度7の強い揺れは沖積層が厚く表層が軟弱な巴川低地で生じる。想定
では清水区の面積の7%が震度7、87%が震度6強となっている。沿岸部
は粒度の粗い砂礫質のため、液状化による住家全壊は370と小さな想定に

なっている。

　地震調査研究推進本部資料による地震動増幅率では、第三紀固結岩からなる庵原山地に比べ、安倍川扇状地では約 1.9 倍、清水砂堆・三保砂礫州で 2.1 倍、巴川低地で 3.2 倍、麻機沼低地 3.1 倍となっている。また、今後 30 年間に震度 6 弱以上の揺れに見舞われる確率は、巴川低地（麻機沼低地を含む）74％、清水砂堆 68％、安倍川扇状地 66％、有度山丘陵 56％とされている。表層が非常に軟弱な麻機沼低地ではより大きな値になるであろう。

　富士川河口断層帯の最後の活動はおよそ 1500 年前で、今後 30 年以内の活動確率は 0.2 〜 11％と評価されている。想定される地震の最大規模は M8.0 と大きく、距離は 25km ほどと近いので、発生した場合には非常に大きな被害が予想される。

第6章　災害リスク低減策

　災害リスク低減策には多数あるが、その中でも居住・土地利用を制御し管理する方策が重要であることを示し、その実現をはかる手段について考える。

　災害の危険が全くないような土地は存在せず、あるレベルのリスクは受け入れざるを得ないが、その許容水準は保全対象の種類・重要度などにより異なるので、一律に要求される土地条件選定と土地利用状態はあり得ない。たとえば、避難を前提としてはならない病院・高齢者収容施設などは可能なかぎり安全な土地に立地しなければならない。リスクがほぼ無限大である原発ではそれは絶対条件なはずだ。一方、たとえば港湾関係・漁業関連施設等は、たとえ危険な海岸低地であっても構造を強固にしたうえで立地するのは当然である。どのような土地利用を行うにせよ、求められるのはその利用により得られる便益の代償として、あるレベルのリスクを自らの意思決定で受け入れているという明確な認識である。

6.1　防災対策の体系

　自然災害の発生経過を簡潔に示すと（**図61**）、大雨・地震などの災害誘因が発生し、これが地形・地盤など土地素因に作用して（自然力の作用）、洪水・山崩れ・津波などの異変が起こり（災害事象の発生）、これらの事象が人間・社会に対し直接の加害作用を及ぼし（加害力の作用）、人間・社会の側の抵抗力が下回ると人的・物的被害が生じ（被害の発生）、この一次的破壊被害が波及・拡大してさまざまな社会的・経済的影響が生じる（災害の波及、二次的被害の発生）といった因果連鎖の関係によって示すことができる。強風

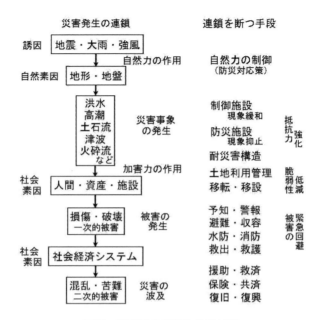

図61　災害発生連鎖と防災対策

のように誘因が直接の加害力となる場合もあるが、大部分は誘因と土地素因との相互作用によって生じるいわば二次的な災害事象が、直接の加害力として作用し被害を引き起こす。この災害発生過程における因果連鎖の関係を断つのが防災対応策であり、どの位置で断つかによってその目的・内容・役割などが決まる。

　これらの防災対応策は大きく、事前の予防対策、災害時の緊急対応、事後の復旧・復興対策に分けられる。災害が起こる前にあらかじめ備えておくのが防災の基本であり、防災抵抗力の増大および災害脆弱性の低減を図る事前の恒久的対策が、リスク低減策の中心となる。災害時および災害後の対策は、応急的に被害を回避・軽減し、また悪影響を緩和する役割のもので、リスク低減策としては従的なものに位置づけられる。避難体制など災害時緊急対応のための事前準備は、防災抵抗力を高めるものであり現在の地域防災対策の中心になっているが、危険度の非常に高いところではやはり従的としなければならない。事前の予防対策には、堤防など防災構造

物による災害事象の抑止・緩和、耐震・耐浸水の建物構造などによる防災抵抗力の増大、危険地の利用規制や移転などによる災害脆弱性の低減などが挙げられ、いわゆるソフト対策とされるものが多く含まれる。

かつて米国において約300人の防災専門家が参加して災害対策アセスメントのレポートが作成された。図62 はそこに示されているものの一つで、各種洪水対策が採用された場合に災害ポテンシャルおよび実質便益が現在の状態からどちらの方向に変化するかを示したものである。ここで縦軸の災害ポテンシャルは、災害リスクと読み替えることができるであろう。横軸の実質便益は、軽減される被害から対策費用を差し引いた値である。

堤防など防災構造物の設置は、安全が高められたと住民に受け取られ危険地利用が進む結果として、災害リスクを大きく増大させる可能性がある。耐浸水建築には災害リスクを低減させる効果はない。また、被災者の経済的救援は災害リスクを増大させる。これに対し土地利用管理（Land use management）は災害リスクを大きく低減させ、かつ実質便益も増大させる。

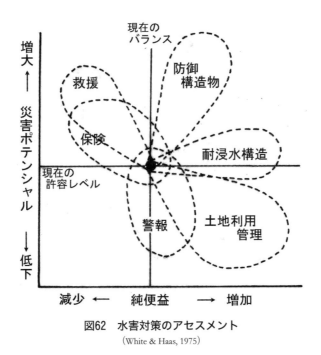

図62　水害対策のアセスメント
（White & Haas, 1975）

警報システムの整備は災害リスクを低減させると評価されているが、これはゆっくりと進行する大陸河川の洪水の場合であって、日本における急速出水の洪水では、予測困難で警報が間に合わない場合が多く、低減効果は小さい。なおこのレポートでは、土地利用管理の実施には社会面での障害が非常に多くて、実際に採択されるのは難しいことも同時に認めている。

　水は低きにつくという自然の理に従い、洪水・高潮・津波の運動は地形に支配されて危険域が限定されるので、これら水災害では土地利用管理のリスク低減効果は大きい。土砂の運動も同様に地形に規定される現象である。地震の場合には地盤の硬軟が震動の増幅度に関わることから、土地条件が危険域を決める主要因になっている。地形・地盤などの土地条件とそれに基づく危険度判定は、防災施設の設置箇所・構造の決定、避難場所・避難路の選定、災害後の市街復興計画など、防災対応策の全体に関わる基礎的事項になる。これに対し一般に重要視されている予知・予報は、避難などの緊急対応策につながるだけである。

6.2　ハード対策・避難対応

　河川・海岸の堤防など防災構造物の設置や避難体制の整備（これは予知・予報と警報伝達を前提とする）は、かならずしも災害リスクを低減させる方向に機能するものではないが、現行の防災対策の中心になっているので、その概要と限界を示す。

(a)　防災構造物

　洪水・高潮・土石流など被害を起こす直接の作用力となる災害諸事象の発生を抑止し、その運動を制御・緩和することを目的としてつくられる施設・構造物は、一般にハードな対策と呼ばれこれ以外のソフトな対策と対比され、年々多額の予算が投入されて防災対策の主要な部分を担っている。

　これらの施設・構造物の機能は、① 災害事象を発生させない（発生抑止）、② 事象の規模・強度を小さくする（緩和）、③ 保全対象から隔て直接の加害力として作用しないようにする（隔離・閉じ込め）に分類することができ

る。これは制御可能な事象に限られるので、ハード対策の主対象は洪水災害、海岸災害および土砂災害となる。耐震建築のように保全対象そのものを強固にする対策は、つぎの耐災害構造に含める。

①の発生抑止の方法は、コンクリート擁壁や押さえ盛土などにより土砂移動を起こさせないといった、斜面崩壊・地すべりの主要対策として採用されている。洪水・高潮・津波といった水の運動現象では、発生そのものを抑え込むという方法はほとんど考えられない。地震による地盤液状化を発生させない対策では、地中水流入を遮断する、透水性を大きくするなどの地盤対策がある。一般に災害現象は強大な力をもち、また発生場所を予測するのは困難なので、この抑止手段が有効に機能するという前提に立つのはリスクが大きいとみたほうがよい。

②の事象緩和の方法の代表的なものに、ダムや遊水地に雨水を一時的に貯留して、下流での洪水の規模を小さくする方法があげられる。幅狭い開口部をもつ沖合防波堤により湾内での津波や高潮の高さを下げる、消波ブロックなどにより波の高さを低くする、床固工（低い砂防ダム群）により堆積土砂の移動を抑えて土石流を成長させない、という方法などはこれに分類できる。

③は災害事象に直接立ち向かいそれが作用する領域を、人・建物・施設などの保全対象から隔離・遮断する方法である。身近にあり代表的なものに河川や海岸の堤防がある。河川堤防は古くから造られ最も重要な役割をもっている防災構造物である。これは洪水を河道内に閉じ込めて氾濫を防ぎ、海や湖に排水したり、氾濫してもよいところに誘導したりする機能のものである。堤防の高さは、ある設定した水位（計画高水位）の洪水を溢れさせないように決められる。堤防上面（天端）の高さは、少し安全を見込んで、1m前後の余裕高を加えてつくられる。堤防の幅は、高水位の水圧に耐え、また、浸透水が浸み出さないように、高さの10倍程度にとられるが、都市河川では用地が得られない場合、幅広い盛土堤防に代わりコンクリート製の直立護岸（擁壁護岸）がつくられる。スーパー堤防（高規格堤防）と呼ばれるものは河岸で行われる盛土の土地造成である。海岸堤防は高潮・津波などによる海水の陸地内流入を海岸線で阻止する役割のものである。土

砂災害防止の構造物では、遮断だけの機能のものは殆どなく土砂の運動を制御する機能も併せもっている。

防災の構造物は、科学ではなくてある政策的な判断により、その機能に一定の上限をもたせて建造される。河川堤防はその高さを越える洪水が溢れ出るのを阻止できないことは明らかである。また、災害事象は一般に、その発生が非常に不確定であり強大な力をもっているので、人工の構造物でそれをいつも有効に制御できると考えるのは危険が大きい。防災の構造物がつくられると、それにより安全になったと思い込む結果、災害が起きたときの被害をより大きくする可能性が指摘される (図 62)。堤防を高くして水位をより大きくすると氾濫した場合の勢力を増大させるといったように、副次的にマイナス効果をもたらすこともある。防災の施設・構造物がつくられていてもそれに完全には依存しないような多重的対応が必要である。

(b) 耐災害構造

建築物・構造物を、地震・洪水・強風・積雪など自然力の作用に抵抗して、その機能を保持するという直接の防御対策で、耐震構造が最も代表的なものである。これは単に建物という資産の被害を防ぐだけではなく、人的被害を防ぐことにつながる。地域コミュニティの災害防備の態勢を高める、あるいは脆弱性を低減させるという対応も、広い意味で耐災害構造に含めることができるであろう。

耐震構造：建物の耐震構造は、柱・梁・床・壁をそのつなぎ目で堅く結合して、地震力に対し一体となって抵抗し建物の変形をできるかぎり小さくしようとするのが最も一般的なものである。これは剛構造とよばれる。固有振動周期の長い超高層建物では、十分な変形能力を建物に与えて地震力の作用を全体として小さくする柔構造が採用される。この場合には揺れの幅が大きくなり、また揺れが長く続くので、それへの対処が必要である。

耐震基準は建築基準法により定められている。現在の建築物耐震基準は、1981 年の建築基準法改正により、設計震度を原則として 0.2G、すなわち建物自重の 20％の水平力が地震により作用しても耐えられるように設計し、また、自重の 100％までの力に対しては、変形はしても大破壊には至

らないようにして(粘りをもたせて)人への危害力を小さくする、という二段階基準に定められている。これは別の表現をとると、震度6弱程度までの中規模地震では、被害は生じても軽微なひび割れ程度、震度6強を超える大規模地震では、壊れても倒壊までには至らないようにして人命の安全を確保する、というものである。

　木造住宅の耐震性を高める方法は、硬い地盤を選んで宅地にする、鉄筋コンクリート基礎に土台を固く結合する、屋根を軽くする、壁を多くする、木材の腐食・蟻害を防ぎその接合部を金物で補強する、床を強固にして建物を一体化する、などである(図63)。とくに、耐震性のある壁をできるかぎり多く、かつそれをバランスよく配置することが重要である。耐震性のある壁とは、筋交いを入れたり、構造用合板を張付けたりした壁である。壁が多く使われていても、道路に面した1面の全体を開口させるなどその配置が偏っていると、異常な震動が生じて破壊を受けやすい。

　強さや粘りによって震動に抵抗するという方法の他に、地盤の揺れを伝えない免震構造や揺れを積極的に減衰させる制震構造が普及するようになった。免震構造は、まず建物を地盤から切り離し、ゴムやスプリングなど固有周期の長い材料の基礎(アイソレーター)で建物を柔らかく支持し、

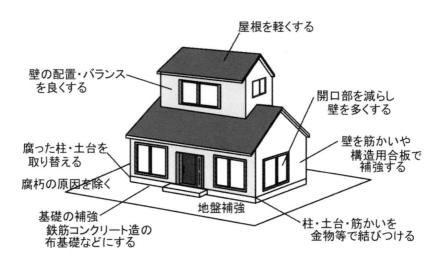

図63　木造住宅の耐震強化

鉛や軟鋼などエネルギーを吸収するダンパーを使って変位を小さくするという方法によっている。制震構造は、オイルダンパーや種々の弾塑性材料のダンパーにより、震動のエネルギーを熱に変えて吸収し、揺れを減衰させる方法である。一般住宅向けには、揺れを吸収する簡易な制震の装置や材料が開発されている。

既存住宅の耐震化は震災対策の最重要課題の一つとされて、資金助成や税減免の措置がとられている。現在、戸建て木造住宅のうちの約1,000万戸（全体の40%）が、耐震性が劣り改修が必要であるとされている。

耐浸水構造：浸水に対抗する建築構造や住まい方は、耐浸水（耐洪水）構造とも名づけられるもので、浸水常襲地では昔から種々の工夫がなされている。この方法には、① 建物を氾濫水から遮断する、② 建物の位置を高くする、③ 浸水は被ってもその被害を軽く済ませる、がある。①の方法としては、敷地や建物の周囲を土手や防水壁などで取り囲む、建物外壁を防水壁でつくり出入り口には防水扉を設ける、がある。②の方法としては敷地に盛土する、基礎・土台を高くする、高床式にする、一階が柱・壁だけのピロティ構造にする、がある。盛土は最も一般的な方法である。ピロティ構造では耐震性に配慮する必要が生じる。③としては、二階建てにする、一階に家財・商品・在庫品などをあまりおかない、天井に家財持ち上げ用の開口部を設ける、機械室は二階以上にする、一階に耐水・非吸水建材を用いる、家の周囲に樹林を配置して洪水流や津波の衝撃力を緩和する、などがある。地下鉄・地下街・地下室では氾濫水流入を阻止する構造が必要である。

洪水に対抗する地域コミュニティの耐浸水対策の典型例に輪中がある。輪中とは、周囲を河で囲まれた低湿地内の集落および農地を水害から守るために輪形の堤防で囲んだ土地をさし、またその地の住民によって構成された水防共同体をもさしている。輪中堤が機能しなかった場合の対策として、盛土や石積みによって一段と高くした敷地に別棟を建て倉庫および避難所とする、屋根裏の桟を太く床板を厚くして避難場所や物置として使えるようにする、洪水流の衝撃を和らげるために家の周囲を樹林・竹やぶ・石垣などで囲む、家の浮き上がりを防ぐために一階の天井を高くする、軒

第6章 災害リスク低減策　141

下や土間の天井に舟を吊り下げ避難用とする、敷地を高くするために周囲の低地から土をとって盛土を行う、などがある。共同の水防活動や被災した場合の相互扶助を行うためのしきたりもつくられていた。土地の危険性をよく認識して、災害が生じても被害を拡大させないための何段構えもの対策を準備して安全度を高めているのである。

　耐風構造：風は風速の2乗に比例する風圧力を建物などに加える。また、風速は刻々と変化するので建物を振動させる。高層建造物においてこの風の作用力は非常に大きくなり地震の作用力を上回って、構造設計を支配する外力となる。建築基準法（2000年改定）では「稀な暴風」（平均しておよそ50年に1回生じる強風）に対して、構造骨組みの主要部分に損傷を受けないように定められ、とくに高さ60m以上の高層建築物については、「きわめて稀な暴風」（およそ500年に1回）でも倒壊しないことと規定されている。強風被害の80%以上は屋根材や外装材の被害が占めるので、その強度および構造骨組みとの接合を強固にする必要がある。木造建物では被害はまず屋根と外壁に発生する。軒下には大きな負圧が生じるので、軒先がまっさきに破壊される。外壁の被害は開口部の建具、とくにガラス窓に多く発生する。

(c) 避難

　災害の危険が及ぶと予想される場所からあらかじめ退避しておくという事前避難、および迫ってくる危険からとっさに逃れるという緊急避難により人身への危害を避けるという対応行動が本来の避難である。被災後に宿泊や休息の場所を求めて避難所に入るというのも避難と呼ばれるが、これは収容避難という別種の対応であり分けて考える。避難は人命の被害だけは免れようとするいわば限定的対応であり、明らかな高危険地に居住しているような場合には、移転などにより危険を抜本的に除去するまでの過渡的な対応とすべきものである。

　避難を効果的に行う基礎は、それぞれの場所・土地・地域の災害危険性をよく認識し、対処すべき災害の性質について理解していることである。災害の具体的な状況はその時々やそれぞれの場所で異なる。警報や避難指示あるいは事前に与えられている避難情報に単純に従うというだけではな

く、自ら判断し行動できるようにしておくのが望ましい。土砂災害や山地内での豪雨災害など、局地性の大きい災害ではとくにそれが必要である。

事前避難の行動は、① 危険の発生と接近の認知、② 避難の必要度・コストの評価、③ 避難の意志決定、④ 避難先・経路・時期・手段の選択、⑤ 避難行動の実行という経過をとって行われる（**図64**）。緊急避難ではこの過程がきわめて短時間に進行することになる。

危険の認知：危機的事態の発生と接近あるいはその発生可能性は、警報など種々の災害情報によって知る場合が大部分である。災害情報は、中央から出される情報（気象情報など）と、地区ごとの現況情報に分けて考える必要がある。災害は多かれ少なかれ突発的であり地域性の大きい現象である。また、情報伝達システムが突発緊急時にうまく作動するとは限らない。状況の広域把握の精度に優れている中央情報（テレビの情報など）を基礎におき、地区・地域の条件とそこでの具体的現況についての情報を組み合わせて、避難対応を考える必要がある。例えば、大雨・洪水警報がだされている場合、近くの川の水位や雨の強さの変化などに絶えず注意を向けていることが望ましい。

地区ごとの具体的な対応行動の指示で最も重要なものに、市町村長のだす避難の勧告・指示がある。避難指示は拘束力が勧告よりも強く、危険が目前に迫っているときなどにだされる。ただし強制力はない。突発的あるいは不測の事態に対して的確にタイミングよく勧告・指示がだされるとは

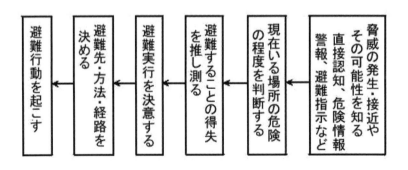

図64　避難プロセス

限らない。これが効果あるためには、事前に細かい地区ごとの危険性の把握とその周知、および勧告・指示を受けた場合の適切な対応行動をあらかじめ心得ていることが基礎になる。

　接近しつつある、あるいは発生するであろう災害事象に対して、いま居る場所がどのように危険であるかの判断は最も重要である。危険の種類や程度は場所によって異なる。人命への危害が大きくかつ危険が急速に切迫するためにタイミングのよい避難がとくに必要とされる山地内の災害では、危険の種類や程度は、それこそ家ごとに違うと言ってもよい。例えば、段丘面上の家は一般に安全であるが、その隣家であっても一段低い低位面にあれば土石流や洪水の危険がある。段丘面上にあっても山腹斜面直下であれば山崩れが大きな脅威である。緩勾配の平野内にあって破堤洪水に直面しても、自然堤防上の二階家であれば、家にとどまって一階の家財等を水から守るなどの対応を優先した方がよい場合が多い。一方、山地内・山麓における洪水では、水位上昇は急速であり流れの勢力は強いので、迅速な避難行動が必要である。強い地震動を感じた場合、海岸低地に居れば津波の危険への対処を考え、急な海食崖下であれば何よりもまず崖崩落の危険に注意を向けねばならない。

　警報や避難指示を受けて、各地区や各戸がそれをどの程度切実に受けとめ、どのように行動したらよいかを決めるためには、あらかじめ地域・地区の災害危険性についての知識が得られている必要がある。山地内など危険状況の局地差が大きいところでは、警報や避難指示（これは地域中央から出される）のないことを安全と受け取ってはならない。

　避難の決断・実行：一般に不確かな情報の下で、避難の効果やマイナス面を考えに入れながら、避難の意思決定を行う際には、突発緊急時の行動心理など種々の人間要因やその時その場所の環境諸条件などが関係する。十分な安全を見込んで早めにより広域に避難指示をだせばよいというものではない。人命への危害力が小さい場合にはとくにそうである。避難には種々のマイナス面があり種々の犠牲が要求される。早すぎた避難指示のため、回避できた物的被害を生じさせることもある。危険の接近速度は災害によって異なる。避難は早いに越したことはないが、その前に電気のブレー

カを切り、プロパンガスボンベのバルブを閉め、一階の家財を二階に移すなどを、可能であれば行いたいものである。ただし、災害の種類や土地条件によっては一目散に走りださねばならないときもある。

ハザードマップで示されているのは一般に、宿泊場所を提供する収容避難所である。危険を緊急に回避する避難場所は、高台にある神社・公園・広場、鉄筋コンクリート造の中・高層建物など、場所・状況に応じて選択する。自動車は使用せず歩いて行ける近くがよい。大雨時には急激な出水・土石流・山崩れなどに遭うことのない経路をとらねばならない。自動車による移動では、渋滞や道路途絶で立ち往生しているうちに洪水や土石流などに遭うことがある。自動車で避難する場合、途中で自動車を乗り捨てることもあるという覚悟で臨む必要があるだろう。山地地域における大雨災害では、避難先あるいは避難途中において山崩れや土石流に襲われたという例がかなりある。大雨の最中に児童・生徒を下校させたため、途中で難に遭ったということも起こっている。地域・地区の災害危険個所の事前把握および異常事態時(例えば暴雨時)にその地区で起こり得る災害状況の予測(シナリオ作成)が重要である。

6.3 防災土地利用管理

それぞれの土地・地域において、発生の危険のある災害の種類・性質・危険度に応じた土地の利用を図る、とくに、高危険地への居住は極力避けるという対応は、災害リスクを低減させる最も有効な方法ではあるが、このような土地の利用に関わる問題は、実現するのが非常に難しいのが現実である。土地の災害危険性を正しく、また説得的に示すことは難しい場合が多い、ということもこれに関わっている。

(a) 土地利用規制

危険地の利用を抑制する手段として、法令による土地利用規制や、税制・資金助成・保険制度等を利用した市場原理に基づく経済的誘導がある。大災害の後でなければ法的規制は抵抗が極めて大きくて実現困難なので、社

会資本整備・税制・資金助成などにより安全な土地の利用へ誘導をはかる対策が、効果が現れるのは遅いものの現実的であろう。

建築基準法では、地方公共団体は条例で津波、高潮、出水等による危険の著しい区域を災害危険区域として指定し、その区域内での住宅の建築禁止や建築構造の規制を行うことができる、と定められている。この規定による危険区域指定の件数は、急傾斜地崩壊危険地に関するものが大部分である。資金助成を受けて住居移転を行った跡地は危険区域に指定されるからである。危険区域指定の面積で最大なのは、1959年伊勢湾台風の高潮により大被害を被った名古屋市臨海地帯におけるもので、6,500haの区域について建物の構造規制が行われている(図65)。2011年東日本大震災の後、岩手・宮城・福島3県の120地区で合計面積12,500haの災害危険区域が指定され(2014年2月現在)、さらに42地区、推定面積4,000haが区域指定される予定になっている。これらは集団移転跡地であって、住宅の新築は禁止である。

都市計画法では、無秩序な市街化を防止し計画的な市街化を図るために、

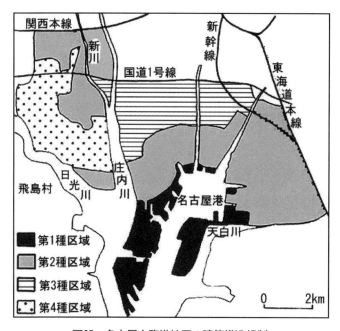

図65　名古屋市臨港地区の建築構造規制

市街化区域および市街化調整区域を定め、「溢水、湛水、津波、高潮等による災害の発生のおそれのある土地の区域」、「河川及び用排水施設の整備の見通しを勘案して市街化することが不適当な土地の区域」、「土砂の流出を防備するため保全すべき土地の区域」などは、原則として市街化区域に含めないことになっている。これによって、災害危険地の利用を規制することができるはずであるが、市街化区域の線引きには様々な利害がからみ、また開発が優先される傾向もあって、防災の観点はほとんど取り入れられていないのが現状である。

　土砂災害防止法では、土砂災害特別警戒区域（急傾斜地の崩壊等が発生した場合に、建築物に損壊が生じ住民に著しい危害が生じるおそれのある区域で、都道府県知事が指定）において、建築物の構造規制、移転勧告などを行うことができると定められている。土砂災害の危害力は大きく、その危険域は地形等の条件によって限定しやすく、危険は認識されやすいので、土地利用の規制は効果的であり、また地域住民に受け入れられやすい状況にある。

　大きな災害の場合、被災市街地の土地区画整理事業や再開発事業による建築の制限・禁止によって、災害跡地への再建が制約される。建築基準法では、被災市街地において災害後の2ヶ月間災害跡地への建築を禁止できることとなっている。しかしこのような短期間では地方自治体が復興都市計画を決めることは不可能なので、土地所有者による違法建築といった問題が起きる。繰返し津波被害を被っている海岸低地や急傾斜地の直下など明らかな高危険地への住宅再建は、少なくとも防災という観点からは、極力制約されねばならない。居住する場合には、耐災害的な建築構造が不可欠である。住居移転促進制度の活用は危険地への再居住を防ぐのに役立つ。

　1896年明治三陸津波、1933年昭和三陸津波と相次いで大被害を受けた宮城県は、危険な海岸低地への居住を制約するために、県令により「津波罹災地および津波罹災のおそれある地域における居住用建物の建築の規制」を行った。しかし時が経つにつれ、漁業に不便などの理由による元屋敷への復帰、分家や他地区からの移住者の居住などにより、大部分の地区で元のような集落が復活した。海岸低地への居住は、とくに戦後高度成長期に元の状態への復帰を超えて著しく拡大し、2011年東日本大震災の大

被害と復興の困難をもたらす基礎要因となった。この災害後、「津波防災地域づくり法」が急遽制定され（2011年12月）、一定の開発行為および建築を制限する津波災害特別警戒区域を地方自治体は指定できると定められた。これによる区域指定は2014年2月現在行われていない。

　税制や公的資金助成などの面から、危険地の利用コストを相対的に高くして、その利用を抑制するといったようなことは行われていない。地震保険では広域の地震活動度に基づき都道府県単位で全国を8区分して料率を変えているが、地盤条件によって差をつけるということにまでは至っていない。

　土地利用に影響する要因の一つに土地価格評価がある。土地価格は、正常な経済メカニズムが支配的に作用している場合、その土地を利用することによって得られると期待される年々の収益を現在価値に割り引くことにより評価されるのを原則とする。災害の危険が明らかに予想される土地では、やがて被るであろう被害は負の収益となり、あるいはその防止のための支出はその土地を利用して収益を得るための必要コストとなって、地価がその分だけ低く評価されることになる。たとえば、東京近郊の鉄道沿線にある河川・海岸低地の公示地価は台地に比べ平均15％低く評価されているが（他の地価形成要因の影響を除いた場合）、これは水害危険性をかなり反映した結果のものと推定される。大きな津波の繰返し来襲がほぼ確実な三陸沿岸低地では、その予想被害を見込むと住宅地としての地価はほとんど成立し得ない計算になる。

　危険地の地価は安くなければならないというのは逆説的に聞こえるかもしれないが、これは経済の論理である。しかし危険地の利用は抑制されねばならないので、その利用者に対する強固な建物構造の義務付け、災害保険の強制加入と危険度に応じた高い保険料率（これらは米国で実施）、防災施設建造費用の分担など、土地利用のコストを大きくする措置が同時に必要である。土地利用がもたらす経済的コストの具体的金額表示は、災害危険性の存在の認識およびその回避のための対応策の選択に役立つ情報となる。危険地として指定されると地価が下がるので困るという考えが一般的であるようだが、これは危険の存在を明らかにせず、欠陥を隠したうえで

の不正な経済取引を認めることにつながる。

(b) 危険域ゾーニング

防災土地利用の基礎は災害危険域のゾーニングである。土地利用を規制しそれが無理なく住民に受け入れられるためには、科学的に説得力あるゾーニングが行われる必要がある。

ゾーニングの精度や方法は災害の種類や土地条件によって異なってくる。洪水災害では低地の地盤高が判定の基礎手段になる。連続堤防があるところでは破堤・氾濫の危険度が加わる。低地面勾配は洪水流の勢力にかかわる重要な地形条件である。高潮・津波では海岸低地の海抜高が基本情報である。斜面崩壊では土砂到達域が危険域となり、一般に急傾斜地の高さと同じくらいの距離の範囲である。地震では地盤条件によりゾーニングされ、表層がとくに軟弱なところおよび沖積層が厚いところがとくに危険とされる。火山噴火は、火口という発生ポイントがおさえられるので、そこからの距離や勾配や派生する谷の地形などに基づいて、火砕流・泥流などの危険域が決められ、ハザードマップとして示される。いずれの場合にも設定する外力規模により危険範囲および危険度は異なってくる。過去の災害実例は実感されやすくて説得力の大きいという重要な危険域情報である。

米国では、水害危険度を数ゾーンにも区分して、水害保険の料率を変え、被害ポテンシャル増大の抑制をはかっているところがある。新築の建築物についてはとくに保険料率を高くして、水害危険域内の建物の増加を抑えている。また、危険区域内での開発行為の禁止・制限や耐洪水性の住居構造（ピロティ構造など）の義務付けなども行われている。1960年代に、堤防など治水施設建造の費用対効果比が低く、また、かえって被害ポテンシャルを高くしているという反省がなされ、土地利用管理など氾濫源の総合治水対策の必要性が示されて、種々のソフトな対策が採用されるようになった。イギリスおよびフランスでは、危険度を区分した洪水危険地図が公開されており、高危険域での開発は制限されている。また、土地利用規制が保険制度と結び付けて行われている。なお、水害危険域の詳細なゾーニングは、大陸の河川のように連続堤防がなく、地表面が河道に向かって緩や

かに傾斜していて、水位に応じて氾濫域が拡がるというような土地条件のところでは可能である。

　災害の危険性（ハザード）の評価の結果はマップで示される。しかしその評価には種々の不確実性が必然的に伴っている。それが示す危険は、単なる潜在的可能性であったり確率的なものであったりする。ある規模の外力（地震・大雨など）を設定した場合には、その設定条件に規定された適用限界が当然に存在する。マップに示されている境界の位置は、ある特定の設定条件の場合のものであり、また、土地条件把握の精度、計算方式、現象の不確定性などにより、かなりの幅をもったものと受けとめねばならない。

　ハザードマップは、ある限定条件のもとで予想される災害危険域・危険度を図表示し、それが示すリスク（可能性・蓋然性があり確率的なもの）をどこまで受容し、どのような防災対応で低減させるかを、土地の利用者・居住者に選択させる機能のものである（図66）。安全域を保証する性質のものではなくて、単に避難用途のものでもない。

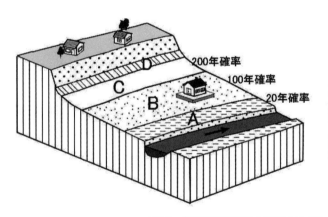

図66　危険度に応じた防災対応の例

(c) 国土利用計画

　過密大都市の災害危険性を軽減するために人口・資産の安全かつ適正な配置を図るには、国土全体の土地利用計画・開発計画が基礎的に重要である。敗戦後間もなくの1950年に、国土の総合的利用・開発・保全、産業

立地の適正化を目的とした国土総合開発法が制定され、災害防除に関する事項を含む国土総合開発計画を策定するよう定められた。これにより全国総合開発計画が1962年・69年・77年・87年・98年とおよそ10年ごとに五次にわたり策定された。2005年に国土総合開発法は国土形成計画法として抜本改正され、それまでの開発指向からの方針転換がはかられている。

　大都市への人口・産業の集中抑制は、1962年の第一次から87年の第四次までの全国総合開発計画において常に基本目標となっていた。98年の第四次計画ではとくに東京を明示して、都市機能の一極集中を問題とした。このような一連の経過は、計画の甲斐なく都市過大化が一貫して進行してきたことを意味している。低成長時代を迎え、国土グランドデザインと表現が変えられた第五次計画においては、活力ある経済社会の構築を目指し大都市空間の修復が開発方式に加えられて、過大都市抑制の基調が転換された。国土の安全と暮らしの安心を基本課題として謳ってはいるものの、過密大都市についてその安全をはかるという考えは、国土計画の中から消え去ったようである。低成長しか望めないということで、このグランドデザインでは投資重点化・効率化を求めているが、その重点地域が高危険都市域であれば、やがて生じる被災によりムダな投入に終わる公算が大きい。

　なお、1992年には過度集積地域（東京23区）からの産業業務施設の地方移転に対し、財政上の支援措置を講じるなどの内容の地方拠点法が制定された。また同年には、国会等の移転に関する法理が成立し、首都機能移転の議論が再度活発になったが、現在ではほぼ立ち消えになっている。逆に、東京に企業集積を図る国家戦略特区構想が出されているような状態であって、東京集中を促進する方向に向かっている。本社機能を東京から地方に移転した企業に対する税優遇措置が、地方再生法により定められているが、近年、企業の東京への転入増加と東京からの転出減少の傾向が顕著である。

6.4　移転・移設

　災害危険地からの住居移転は人命だけでなく資産の被害も防ぐ抜本的な方法であって、いわば恒久的な避難であり、望ましい防災土地利用を実現

する有力な手段である。しかし、移転に要する多額の費用と大きな労力を費やし、長年住み慣れ安定した生活を営んでいる土地を離れて、災害を受ける前に新しい土地へ移り住むことは、たとえ大きな危険の存在が指摘されている場合でも、一般に非常に抵抗が大きいものである。このため、防災関連の移転の多くは災害を受けた後に実施されている。

　移転を妨げる最大の理由に多額の経済的負担がある。この障害を打開して移転を促進するための「防災集団移転促進事業」と「がけ地近接危険住宅移転事業」の制度が運用されている。これは個人の自発的移転に対して利子補給、跡地買い上げ、移転先用地の整備などを行うものである。急傾斜の崖地では危険が実感されやすいので、後者の制度による移転戸数は多く、年平均数百戸がこれによる補助を受けて予防的に移転している。大きな災害地では、災害後に巨額の防災工事が行われるので、住民はこれにより安全になると思うことが、移転をしぶる一つの原因にもなっている。なお、災害高危険地には初めから住まないという選択を行うのが本来であり最善である。

　三陸海岸は海溝型巨大地震が頻発する海域に面したリアス海岸であるため、津波災害を反復して被っている。死者約 2.2 万人という大被害をもたらした 1896 年の津波の後、かなりの集落で移転が行われたものの、多くは元の場所に再建した。37 年後の 1933 年に再び大きな津波に襲われ、死者約 3,000 人の災害を被った。この津波の後、危険な沿岸低地から高地への移転が積極的に推進され、岩手・宮城両県で 98 集落、約 3,000 戸が集団で、あるいは分散して移転した。2011 年東日本大震災の後には、津波により被災した 30 市町村の 230 地区で、約 3 万戸の集団移転が予定されている（2014 年 1 月現在）。津波の高さは数十メートルにもなり得るので防波堤の防御機能には大きな限界があり、高地での居住が最善の対応である。

　安全な土地への移転・移設が最も必要なのは、人命・建物に激しい破壊作用を加えるような災害の危険が大きいという、以下に示すような土地においてである。津波・高潮は強大な勢力で広い海岸線にわたり一気に流入してくるので、大規模な破壊を与える。その危険域はある海抜高までの海岸低地に限られる。激しい勢力の洪水が起こるのは山地内にある勾配大

で幅狭い谷底低地で、これは地形から容易にわかる。急勾配谷底では土石流の危険もある。斜面崩壊の危険は急傾斜の崖斜面の存在から容易に実感できる。土砂災害の破壊作用は局地的に激甚であり、移転が最も必要とされる。ゼロメートル低地は高潮・洪水・津波の危険が認識されやすい地形である。地震動が大きく増幅される地形は沖積層の厚いデルタや表面が軟弱な旧池沼低地であるが、これは認識され難い。木造住宅が密集する空閑地の少ない広い市街では地震火災の危険が大きいことが実感されやすい。

　特定の場所に限ってみれば、次に災害を被るまでの期間は一般にかなり長いものである。したがって、家を改築する機会を利用して、少しでも危険の小さい場所に住み替えるという心がけは必要である。高危険地の場合、避難は移転までの過渡的な手段と考えるべきである。あえて居住を続ける場合は、やがて被るであろう被害をその土地の利用が与える便益を得る必要コストとして受け入れるという選択をしていることになる。被災住宅の再建に対する資金援助は、その方法によっては危険除去の自主的努力を妨げ、被害ポテンシャルを大きくする可能性がある（図62）。明らかに防災努力を怠っていたことによる被災に対しての経済支援は、社会的公正の面からも問題である。コストを負担できない人々の救済はもちろん必要であるが、それは防災の枠外の社会保障的な範疇で考える問題であろう。

主要参考文献

愛知県 (1960)：愛知県災害誌. 548 頁.

大阪管区気象台 (1962)：第二室戸台風報告. 大阪管区異常気象調査報告 9-3.

大阪市 (1935)：大阪市風水害誌. 1226 頁.

大阪府・大阪市 (1960)：西大阪高潮対策事業誌. 501 頁.

大西晴夫 (1992)：台風の科学. 日本放送出版協会, 191 頁.

貝塚爽平 (1990)：富士山はなぜそこにあるのか. 丸善, 174 頁.

気象庁 (1961)：伊勢湾台風調査報告. 気象庁技術報告第 7 号. 899 頁.

神戸市役所 (1939)：神戸市水害誌. 1368 頁.

国土庁 (1983)：土地保全図 (静岡県). 121 頁.

国土交通省 (2008)：淀川水系河川整備計画. 101 頁.

国土地理院 (1969)：土地条件調査報告書 (広島地域). 43 頁.

国土地理院 (1973)：土地条件調査報告書 (高知地区). 112 頁.

国土地理院 (1974)：土地条件調査報告書 (長崎地区). 51 頁.

国土地理院 (1975)：土地条件調査報告書 (大阪平野). 99 頁.

国土地理院 (1982)：土地条件調査報告書 (東京地区). 106 頁.

静岡県 (1966)：静清地域およびその周辺地域の防災上の諸問題. 1965 年度静岡県防災地学調査報告書. 95 頁.

地震調査研究推進本部 (2008)：日本の地震活動. 490 頁.

武村雅之 (2003)：関東大震災. 鹿島出版会, 139 頁.

地理調査所 (1947)：昭和 22 年 9 月洪水利根川及荒川の洪水調査報告. 20 頁.

東京都 (1947)：昭和 22 年 9 月風水害の概要. 130 頁.

東京都都市計画局 (2002)：地震に関する地域危険度測定調査報告書 (第 5 回). 311 頁.

内務省社会局 (1926)：大正震災誌 (上). 1236 頁.

中村清二 (1925)：大地震による東京震災調査報告. 震災予防調査会報告, 第百号戊, 81-184 頁.

長崎県 (1984)：7.23 長崎大水害の記録. 430 頁.

名古屋市 (1961)：伊勢湾台風災害誌. 443 頁.

花岡安則・高木勇夫 (2002)：近代東京の都市空間の形成と拡大. 慶応義塾大学日吉紀要社会科学 12, 1-36 頁.

阪神・淡路大震災調査報告編集委員会 (1998)：阪神・淡路大震災調査報告, 共通編 -2. 577 頁.

防災科学技術研究所 (2005)：全国を対象とした確率論的地震動予測地図作成手法の検討. 防災科学技術研究所研究資料, 275, 393 頁.

松澤武雄 (1925)：木造建築物による震害分布調査報告. 震災予防調査会報告第百号甲, 163-260 頁.

松田・和田・宮野 (1978)：関東大地震による旧横浜市内の木造家屋全壊率と地盤との関係. 地学雑誌 87, 14-23 頁.

水谷武司 (1986)：土地素因による都市の災害危険指標と危険評価点. 総合都市研究 28, 127-140 頁.

水谷武司 (1987)：防災地形第二版－災害危険度の判定と防災の手段. 古今書院, 193 頁.

水谷武司 (2012)：自然災害の予測と対策－地形・地盤条件を基軸として. 朝倉書店,

306 頁.

Hyndman, D. (2007) : Natural hazards and disasters. Brooks Cole, p.555.

Munchener Ruck Group (2002) : Topics annual review: natural catastrophes.

White, G. F. and Haas,J.E. ed. (1975) : Assessment of research on natural hazards. MIT press, p.487.

索　引

【数字・アルファベット】

13号台風　80
50mメッシュ標高データ　15
Aランク活火山　123
N値　28, 30, 72, 101

【あ行】

アイスランド低気圧　21
麻機沼低地　126-127, 132
熱田台地　77, 79
圧密沈下　25, 62
跡地買い上げ　151
安倍川　123
安倍川扇状地　123, 126, 131
洗堰　86
荒川　6, 23
荒川低地　23
荒川放水路　26, 39
安政江戸地震　30
諫早水害　120
移設・再配置　8
伊勢湾　77, 79
伊勢湾台風　34, 80, 84, 106, 145
伊勢湾台風災害　79
移転　135, 141
移転・移設　5-6, 43, 45, 150, 151
糸魚川・静岡構造線　125, 130
因果連鎖　133
上町台地　60, 65
上町断層　66, 68
有度山丘陵　124
埋立　26, 110
埋立地　4, 59, 71, 73, 78, 81, 90
浦上川　118
浦戸湾　110, 112
液状化　30, 68, 107, 131

越流　86
越流堤　79
江戸川　6, 23
沿岸埋立地　23
沿岸砂州　124
沿岸低地　59, 151
延焼危険度　31
延焼速度　32, 98
延焼阻止要因　32
大雨頻度　13
大岡川　72
大岡川低地　68, 73, 75
大阪低地　41, 60, 68
大阪平野　38, 41, 60, 66
大阪湾　60, 62, 65, 90
太田川　98, 105
太田川デルタ　98, 100
大谷崩れ　125
温暖化　25

【か行】

海岸埋立地　61
海岸災害　137
海岸侵食　128
海岸低地　6, 16, 21, 23, 56, 70, 72, 90, 92,
　　　98, 133, 143, 146, 151
海岸堤防　81, 84, 137
海岸都市　20
海岸平野　55
海溝型巨大地震　130, 151
海水吹寄せ　33, 80, 112
外力規模　148
外力強度　15
鏡川　108, 110, 112
河岸低地　20
確率雨量　13, 50

崖崩れ　38, 76, 114
がけ地近接危険住宅移転事業　151
花崗岩　90, 92, 96, 100
花崗岩山地　17, 92, 95, 101, 105
火災危険度　33
火災旋風　33, 73
火砕流　123
火山災害　13, 17
火山帯　20
火山噴火　148
河床掘削　128
カスリーン台風　35, 43
河川洪水　6, 16, 35, 42, 85, 101
河川洪水災害　12
河川堤防　137
河川氾濫　21
過疎対策　6
過大都市抑制　150
活断層　4, 22, 48, 59, 66, 73, 75, 87, 90, 95, 107
河道付替え　65
過度集積地域　150
過渡的対応　6
狩野川台風　36
河内低地　60, 65
緩傾斜地　101, 118
緩勾配河川　128
環太平洋地域　17
神田川　30, 37, 44
干拓　23, 61, 68, 71, 73, 78, 99, 101
干拓・埋立　25, 71
干拓地　16, 55, 71, 73, 78, 81, 83, 106, 108, 115
関東地震　73, 98
関東大震災　7, 29, 39, 43
関東平野　6, 38
関東ローム層　71
かんな流し　98, 105
危険域ゾーニング　148
危険意識　84
危険区域指定　145
危険地の地価　147

危険地の利用コスト　147
危険地利用　4
危険地利用規制　45, 135
危険度評価点　16
危険度ランク　16
木曽川　79
帰宅困難者　8
キティ台風　33, 43
旧河道　55
急傾斜地崩壊危険箇所　76, 105, 114, 120
急勾配谷底　152
旧池沼域　30
共振　7
強震動災害　12
強風災害　13
強風被害　83
巨大地震　21, 31, 47, 68, 75, 87, 107, 114, 131
巨大都市圏　3, 6
緊急対応　134
緊急避難　141
計画高水位　66, 86, 137
計画洪水流量　128
計画高潮位　34
経済的救援　135
経済的誘導　8, 144
計測震度　48
警報　141
芸予地震　107, 114
渓流洪水　121
限界雨量　15, 50
建築基準法　97, 138, 141, 145
建築構造規制　84
原地復帰　6
元禄地震　31, 74
豪雨災害　102, 120, 122, 142
豪雨地帯　111, 120, 128
高危険都市　20
洪水災害　127, 137
洪水流の勢力　148
洪積層　26

索引 157

洪積台地　38, 54, 77
高層建造物　141
構造盆地　60, 95
後続洪水流　94
高知平野　108, 111
高地への移転　151
後背低地　55
後氷期　26
高リスク都市　59
高齢者収容施設　133
護岸　137
湖岸低地　20
国土計画　5
国土形成計画法　150
国土総合開発計画　150
国土総合開発法　150
国土の効率的利用　6
固有振動周期　138

【さ行】

災害跡地　146
災害環境条件　11
災害危険区域　84, 145
災害危険性　25, 53, 59, 141, 143
災害危険度　47, 102
災害教訓　84
災害経験　64, 84
災害時緊急対応　134
災害事象　133, 135
災害情報　142
災害脆弱性　6, 41, 76, 134
災害の発生経過　133
再開発　7
災害発生頻度　17
災害防備態勢　138
災害誘因　4, 12, 47, 133
災害リスク　43, 135, 144
災害リスク評価　9
災害リスク指数　3, 11, 17
災害リスク低減策　133
災害履歴　53, 59

再現期間　50
最高潮位　33, 62, 106, 112
最大1時間雨量　86, 121
最大24時間雨量　37, 86, 121
最大日降水量　50
最大被害規模　4
最大偏差　34, 81, 112
相模トラフ　31, 73
砂州　25, 55, 60, 71, 90, 115
砂利採取　128
砂礫州　124
三角州　6, 28, 35, 52, 55, 81, 101, 105, 108
三角州性低地　77
三角州性平野　54
山地河川洪水　55, 102, 120
サンフランシスコ　20
三陸海岸　151
山麓緩傾斜面　101, 118
山麓堆積地形　101, 110
ジェーン台風　62
市街拡大　78
市街化調整区域　146
資金援助　152
資金助成　140, 144
地震火災　12, 22, 31, 43, 97
地震水害　42
地震帯　17, 20
地震断層　89
地震動災害　16
地震動増幅　130
地震動の強さ　16
地震発生確率　68, 75
地震保険　147
静岡地震　129
沈み込みプレート境界　4, 16
自然災害の地域性　9
自然災害リスク　3, 7, 11, 23, 59, 111
自然堤防　55, 143
事前避難　84, 141
自然力　138
下町低地　30

地盤沈下　25, 28, 34, 41, 43, 55, 61, 79, 84, 108
清水砂堆　124, 127
下総台地　6, 23
下末吉台地　70, 75
ジャカルタ　20
斜面崩壊　55, 70, 102, 121, 128
住家全壊率　16, 73
住居移転　145, 150
住居移転促進制度　146
集積の利益　4
集団移転　145, 151
集中豪雨　120
集中抑制　150
収容避難　141, 144
出火危険度　31
出火率　31, 96
首都機能移転　7, 45, 150
首都直下地震　7, 66
焼失面積　31, 74
庄内川　79, 85
庄内川低地　78, 85, 88
情報伝達システム　142
将来被害　5
昭和三陸津波　146
震源　89, 130
震源域　73, 115, 131
震源距離　107
浸水域　115
浸水深　35, 43, 62, 81, 131
浸水面積　86, 114, 128
人的被害ポテンシャル　8
新田開発　26, 68, 99
人命被害度　83
筋交い　139
スプロール　6
隅田川　23, 26, 33
スラム　6
駿河トラフ　131
制震構造　140
税優遇措置　150
設計震度　138

設定外力　80
ゼロメートル地帯　4, 6, 25, 28, 31, 35,
　　41- 42, 61, 78, 81
全壊率　13, 29, 31, 49, 73, 88, 96, 116, 130
扇状地　53, 79, 89-90, 94, 110, 124
扇状地河川　125
扇状地平野　54, 56
扇頂部　91, 94
素因評価点　16-17
総合リスク指数　17, 20
想定被害　7
ソフト対策　135

【た行】

対策費用　8
第3種地盤　26, 28
大正関東地震　74
耐震基準　138
耐震建築　137
耐震構造　138
耐浸水建築　135
耐浸水構造　140
耐震性の壁　139
台地　8, 16, 21, 38, 52, 54, 56, 60, 68, 71, 78
台地構成層　75, 78
台地面　38, 56, 58
第二室戸台風　64, 111, 112
耐風構造　141
台風常襲地帯　111
台風接近数　111
高潮　33, 43, 55, 106
高潮災害　12, 62, 80
高床式　140
多重的対応　138
七夕豪雨　128
谷底低地　37, 44, 53, 56, 70, 72, 86, 98,
　　101, 118, 120, 127, 152
段丘面　143
湛水期間　35
断層山地　60, 90
地下河川　44

索 引　159

地下水揚水規制　41
地下ダム　44
地形改変　75
地形・地盤条件　13, 16, 20, 26, 28, 52, 70, 78, 92, 100
地形別面積　56
治水計画　66
地図処理ソフト　15
地方拠点法　150
地方再生法　150
地方振興　6
地方分散　6
中緯度多雨地帯　4
中央構造線　66, 114
沖積層　25, 28, 42, 72, 87, 110
沖積層厚　43, 116, 118
沖積低地　59, 78, 117
沖積平野　54
潮位偏差　33, 62, 80, 112
超過確率　13, 48, 86
超高層建物　7, 138
長周期震動　7
潮汐低地　101
直下型地震　30, 49, 123
沈降　78, 87, 115
沈降域　60, 108, 110
津波　43, 55
津波災害　12, 16
津波災害特別警戒区域　147
津波高　115
津波防災地域づくり法　147
泥炭層　28, 30
低地の地盤高　41, 148
デルタ　4, 20, 68, 81, 98, 100, 105
天井川　91, 94
天端　137
東海地震　8, 131
東京一極集中　6
東京下町低地　6
東京低地　23, 25, 33, 35, 38, 41
東京への転入増加　150

東京湾　24, 33, 72
到達危険域　17
土佐湾　108, 112
土佐湾台風　112
都市河川　79, 86, 137
都市型被害　121
都市機能の一極集中　150
都市計画　5
都市計画法　146
都市集積　5
都市人口密度　13
土砂・洪水複合災害　92
土砂災害　12, 17
土砂災害危険箇所　105, 120
土砂災害警戒区域　129
土砂災害特別警戒区域　146
土砂災害防止法　146
土砂災害リスク　117, 120
土砂到達域　148
土砂搬出量　126
都市リスク評価　12
都市立地　47, 56, 120
都心回帰　7
土石流　53, 55, 92, 94, 102, 121
土石流危険渓流　105, 114, 120
土石流到達範囲　94
土石流領域　104
土地環境　23
土地条件　4, 8, 11, 28, 59, 133, 136
土地素因　12, 16, 47, 52, 133
土地利用　8, 133
土地利用管理　9, 135-136, 144, 148
土地利用規制　26, 45, 144, 148
土地利用計画　149
土地利用コスト　147
土地利用誘導　45
利根川　24, 35, 43, 72
巴川　124
巴川低地　124, 126, 128, 131
トラフ　114

【な行】

内水氾濫　36, 62, 76, 81, 85, 113, 128
内陸地震　47, 49, 73, 87
内陸都市　22
中川低地　23
長崎豪雨　120
中島川低地　117, 121
南海地震　89, 107, 115
南海トラフ　31, 49, 68, 75, 87, 89, 107,
　　　114, 124, 130
軟弱地盤　20, 55
軟弱地盤域　28
軟弱沖積層　4, 7, 43, 92, 127
熱帯低気圧　17
年平均降水量　15
濃尾平野　38, 41, 77, 87

【は行】

ハード対策　136
ハザードマップ　144, 148, 149
波食台　26, 78, 88
発生確率　48, 96, 114
破堤　35, 66, 81, 85, 113
破堤洪水　143
破堤・氾濫危険度　148
阪神大震災　92
阪神大水害　92
氾濫原　17
氾濫原性平野　54
被災経験　64
被害地震　49, 97, 114
被害想定　66, 89, 107
被害ポテンシャル　148, 152
東日本大震災　6, 8, 146
干潟　55, 61, 68, 78, 108
避難　6, 64, 83, 96, 133, 136, 141
避難行動　83
避難指示　141
避難対応　142
避難体制　136

避難の意志決定　142
避難の勧告・指示　142
避難場所　144
氷河期　25
兵庫県南部地震　68, 96
表層地盤　52
費用対効果　148
平城　100
昼間流入人口　8
ピロティ構造　140, 148
フィリピン海プレート　107, 114
風化花崗岩　91, 98, 102
複合扇状地　91, 94, 104
復興過程　4
復興の困難　6
不燃化　43
プレート境界地震　73
平均活動間隔　68, 96, 114
平均再来期間　8
平均発生間隔　107, 131
変動帯　47
宝永地震　89, 107, 115
崩壊土砂到達範囲　55
防災構造物　134, 136
防災集団移転促進事業　151
防災対応策　136
防災抵抗力　134
防災土地利用　6, 148, 151
防水壁　140
防水扉　140
防潮水門　65
防潮堤　43, 64
法的規制　8, 145
防波堤　151
保険制度　144
保険料率　147
保全対象　133, 136
ホンコン　20

索引 161

【ま行】

埋没谷　28, 73, 101, 127
埋没地形　26
枕崎台風　103, 106
マニラ　20
丸の内谷　30
満潮位　25, 42, 62
三河地震　89
三保砂礫州　126
武蔵野台地　6, 23
室戸台風　62
明治三陸津波　146
免震構造　139
木材流出　83
木造住宅の耐震性　139
盛土　140

【や行】

夜間上陸台風　83
大和川　65
山の手台地　37
有機質土　30, 127
有機質土層　30
遊水地　44, 137
ユーラシア南縁地震帯　21
横浜砂州　68, 73
予想被害　16
淀川　60, 65
予防対策　134
余裕高　137

【ら行】

ライフライン　121
リスク強度　21
リスク軽減　43
リスク指数　4, 11, 17
リスク低減効果　136
リスク低減策　8
リスク評価　12
リスク評価基準　47
リスク量　12
立地選定　47
立地の土地条件　20
流体力　16
臨海埋立地　28
臨海地帯　145
ロサンゼルス　20
六甲・淡路島断層帯　95
六甲山地　92, 94
六甲断層　60, 68

【わ行】

輪中　140
湾岸埋立地　23
湾岸地区　7, 41
湾岸低地　20, 68

著者紹介

水谷武司（みずたに　たけし）

京都大学経済学部卒業
東京都立大学理学部地理学科卒業
科学技術庁国立防災科学技術センター災害研究室長
千葉大学理学部地球科学科教授
　などを経て現在は
国立研究開発法人防災科学技術研究所客員研究員
理学博士，技術士（応用理学）

主な著書

『防災地形』古今書院, 1982年
『自然災害調査の基礎』古今書院, 1993年
『自然災害と防災の科学』東京大学出版会, 2002年
『数理地形学』古今書院, 2007年
『自然災害の予測と対策』朝倉書店, 2012年

東京は世界最悪の災害危険都市 ―日本の主要都市の自然災害リスク

2018年1月25日　　　初版第1刷発行	〔検印省略〕
	定価はカバーに表示してあります。

著者ⓒ水谷武司／発行者 下田勝司　　　　　　　　　　　印刷・製本／中央精版印刷

東京都文京区向丘1-20-6　　　郵便振替00110-6-37828　　　　　発 行 所
〒113-0023　TEL（03）3818-5521　FAX（03）3818-5514　　株式会社 東 信 堂

Published by TOSHINDO PUBLISHING CO., LTD.
1-20-6, Mukougaoka, Bunkyo-ku, Tokyo, 113-0023, Japan
E-mail : tk203444@fsinet.or.jp　http://www.toshindo-pub.com

ISBN978-4-7989-1429-9　c3050　　ⓒ Mizutani Takeshi

東信堂

東京は世界最悪の災害危険都市　水谷武司　二〇〇〇円
—日本の主要都市の自然災害リスク

故郷喪失と再生への時間　松井克浩　三二〇〇円
—新潟県への原発避難と支援の社会学

被災と避難の社会学　関礼子編著　三二〇〇円

豊田とトヨタ　丹辺宣彦・岡村徹史・山口博史編著　四六〇〇円
—産業グローバル化先進地域の現在

社会階層と集団形成の変容　丹辺宣彦　六五〇〇円
—集合行為と「物象化」のメカニズム

「むつ小川原開発・核燃料サイクル施設問題」研究資料集　蓮見音彦　二三〇〇円

現代日本の地域格差　蓮見音彦　一八〇〇円
—二〇一〇年・全国の市町村の経済的・社会的ちらばり

現代日本の地域分化　蓮見音彦　三八〇〇円
—センサス等の市町村別集計に見る地域変動のダイナミックス・全2巻

都市社会計画の思想と展開　橋本和孝・吉原直樹・藤田弘夫編著　二三〇〇円
—アーバン・ソーシャル・プランニングを考える・全2巻

世界の都市社会計画　橋本和孝・吉原直樹・藤田弘夫編著　二三〇〇円
—グローバル時代の都市社会計画

【現代社会学叢書より】

現代大都市社会論—分極化する都市？　園部雅久　三八〇〇円

インナーシティのコミュニティ形成　今野裕昭　五四〇〇円
—神戸市真野住民のまちづくり

【地域社会学講座　全3巻】

地域社会学の視座と方法　似田貝香門監修　二五〇〇円

グローバリゼーション/ポスト・モダンと地域社会　古城利明監修　二五〇〇円

地域社会の政策とガバナンス　岩崎信彦・矢澤澄子監修　二七〇〇円

【シリーズ防災を考える・全6巻】

防災の社会学［第二版］　吉原直樹編　三八〇〇円
—防災コミュニティの社会設計へ向けて

防災の心理学—ほんとうの安心とは何か　仁平義明編　三二〇〇円

防災の法と仕組み　生田長人編　三二〇〇円

防災教育の展開　今村文彦編　三二〇〇円

防災と都市・地域計画　増田聡編　続刊

防災の歴史と文化　平川新編　続刊

〒113-0023　東京都文京区向丘1-20-6
TEL 03-3818-5521　FAX03-3818-5514　振替 00110-6-37828
Email tk203444@fsinet.or.jp　URL:http://www.toshindo-pub.com/

※定価：表示価格（本体）＋税

東信堂

「居住福祉資源」の思想――生活空間原論序説	早川和男	二九〇〇円
検証 公団居住60年――《居住は権利》公共住宅を守るたたかい	多和田栄治	二八〇〇円

〔居住福祉ブックレット〕

居住福祉資源発見の旅…新しい福祉空間、懐かしい癒しの場	早川和男	七〇〇円
どこへ行く住宅政策…進む市場化、なくなる居住のセーフティネット	本間義人	七〇〇円
漢字の語源にみる居住福祉の思想	李桓	七〇〇円
日本の居住政策と障害をもつ人	大本圭野	七〇〇円
障害者・高齢者と麦の郷のこころ…住民、そして地域とともに	伊藤静美・加藤直人・山本美見	七〇〇円
地場工務店とともに…健康住宅普及への途	髙島一夫	七〇〇円
子どもの道くさ	水月昭道	七〇〇円
居住福祉法学の構想	吉田邦彦	七〇〇円
奈良町の暮らしと福祉…市民主体のまちづくり	黒田睦子	七〇〇円
精神科医がめざす近隣力再建…進む「子育て」砂漠化、はびこる「付き合い拒否」症候群	中澤正夫	七〇〇円
最下流ホームレス村から日本を見れば世界の借家人運動…あなたは住まいのセーフティネットを信じられますか？	ありむら潜	七〇〇円
「居住福祉学」の理論的構築	片山善博	七〇〇円
居住福祉資源発見の旅II…地域の福祉力・教育力・防災力（早川和男対談集）	早川和男	七〇〇円
居住福祉の世界…福祉の沢内と地域演劇の湯田	早川和男	七〇〇円
医療・福祉のまちづくり…岩手県西和賀町のまちづくり	髙橋秀典・柳中萍・張秀権	七〇〇円
「居住福祉資源」の経済学	神野武美	七〇〇円
長生きマンション・長生き団地	千代崎千佳美	七〇〇円
高齢社会の住まいづくり・まちづくり	山下千佳	八〇〇円
シックハウス病への挑戦…その予防・治療・撲滅のために	後藤田武郎・蔵田力	七〇〇円
韓国・居住貧困とのたたかい…居住福祉の実践を歩く	全泓奎	七〇〇円
精神障碍者の居住福祉…宇和島における実践（二〇〇六～二〇一一）	財団法人正光会 編	七〇〇円

〒113-0023　東京都文京区向丘1-20-6　TEL 03-3818-5521　FAX 03-3818-5514　振替 00110-6-37828
Email tk203444@fsinet.or.jp　URL:http://www.toshindo-pub.com/

※定価：表示価格（本体）＋税

東信堂

2008年アメリカ大統領選挙
—オバマの当選は何を意味するのか　吉野 孝 編著　二〇〇〇円

オバマ政権はアメリカをどのように変えたのか
—支持連合・政策成果・中間選挙　前嶋和弘・吉野 孝 編著　二六〇〇円

オバマ政権と過渡期のアメリカ社会
—選挙、政党、制度、メディア、対外援助　前嶋和弘・吉野 孝 編著　二四〇〇円

オバマ後のアメリカ政治
—二〇一二年大統領選挙と分断された政治の行方　前嶋和弘・吉野 孝 編著　二五〇〇円

ホワイトハウスの広報戦略
—大統領のメッセージを国民に伝えるために　吉牟田 剛 訳／M・J・クマー　二八〇〇円

「帝国」の国際政治学
—冷戦後の国際システムとアメリカ　山本吉宣　四七〇〇円

アメリカの介入政策と米州秩序
—複雑システムとしての国際政治　草野大希　五四〇〇円

国際開発協力の政治過程
—国際規範の制度化とアメリカ対外援助政策の変容　小川裕子　四〇〇〇円

聖書と科学のカルチャー・ウォー
—概説 アメリカの「創造 vs 生物進化」論争　鵜浦裕・井上徹訳／E・C・スコット著　三六〇〇円

現代アメリカのガン・ポリティクス　鵜浦 裕　二〇〇〇円

暴走するアメリカ大学スポーツの経済学　宮田由紀夫　二六〇〇円

揺らぐ国際システムの中の日本　柳田辰雄編著　二〇〇〇円

貨幣ゲームの政治経済学　柳田辰雄　二〇〇〇円

相対覇権国家システム安定化論
—東アジア統合の行方　柳田辰雄　二四〇〇円

国際政治経済システム学—共生への俯瞰　柳田辰雄　一八〇〇円

現代経済社会の諸課題　河口和幸　二四〇〇円

開発援助の介入論
—インドの河川浄化政策に見る国境と文化を越える困難　西谷内博美　四六〇〇円

資源問題の正義
—コンゴの紛争資源問題と消費者の責任　華井和代　三九〇〇円

海外日本人社会とメディア・ネットワーク
—バリ日本人社会を事例として　吉原直樹・今野裕昭・松本行真編著　四六〇〇円

移動の時代を生きる—人・権力・コミュニティ　大西仁・吉原直樹 監修　三三〇〇円

〒 113-0023　東京都文京区向丘 1-20-6
TEL 03-3818-5521　FAX03-3818-5514　振替 00110-6-37828
Email tk203444@fsinet.or.jp　URL:http://www.toshindo-pub.com/
※定価：表示価格（本体）＋税

東信堂

放送大学中国・四国ブロック学習センター編

放送大学に学んで
―未来を拓く学びの軌跡 ……… 二〇〇〇円

ソーシャルキャピタルと生涯学習
J・フィールド 矢野裕俊監訳 ……… 二五〇〇円

NPOの公共性と生涯学習のガバナンス
髙橋満 ……… 二八〇〇円

コミュニティワークの教育的実践
髙橋満 ……… 二〇〇〇円

学級規模と指導方法の社会学 ⊠実態と教育効果
山崎博敏 ……… 三二〇〇円

高等専修学校における適応と進路
―後期中等教育のセーフティネット
伊藤秀樹 ……… 四六〇〇円

「夢追い」型進路形成の功罪
―高校改革の社会学
荒川葉 ……… 二八〇〇円

進路形成に対する「在り方生き方指導」の功罪
―高校進路指導の社会学
望月由起 ……… 三六〇〇円

教育から職業へのトランジション
―若者の就労と進路職業選択の社会学
山内乾史編著 ……… 二六〇〇円

学力格差拡大の社会学的研究
―小中学生への追跡的学力調査結果が示すもの
中西啓喜 ……… 二四〇〇円

教育と不平等の社会理論 ―再生産論をこえて
小内透 ……… 三二〇〇円

マナーと作法の社会学
加野芳正編著 ……… 二四〇〇円

マナーと作法の人間学
矢野智司編著 ……… 二〇〇〇円

〈シリーズ 日本の教育を問いなおす〉

拡大する社会格差に挑む教育
西村和雄・大森不二雄
倉元直樹・木村拓也編 ……… 二四〇〇円

混迷する評価の時代 ―教育評価を根底から問う
西村和雄・大森不二雄
倉元直樹・木村拓也編 ……… 二四〇〇円

教育における評価とモラル
西村信雄編 ……… 二四〇〇円

《大転換期と教育社会構造：地域社会変革の学習社会論的考察》

第1巻 教育社会史 ―日本とイタリアと
生活者生涯学習の地域的展開
小林甫 ……… 七八〇〇円

第2巻 現代的教養I
―地域・的展開
小林甫 ……… 六八〇〇円

第2巻 現代的教養II
―技術者生涯学習の生成と展望
小林甫 ……… 六八〇〇円

第3巻 学習力変革
―地域自治と社会構築
小林甫 ……… 近刊

第4巻 社会共生力
―東アジアと成人学習
小林甫 ……… 近刊

〒113-0023　東京都文京区向丘1-20-6　　TEL 03-3818-5521　FAX03-3818-5514　振替 00110-6-37828
Email tk203444@fsinet.or.jp　URL:http://www.toshindo-pub.com/

※定価：表示価格（本体）＋税

東信堂

ネオリベラル期教育の思想と構造 ——書き換えられた教育の原理	福田誠治	六二〇〇円
アメリカ公立学校の社会史 ——コモンスクールからNCLB法まで	W・J・リース著 小川佳万・浅沼茂監訳	四六〇〇円
アメリカ 間違いがまかり通っている時代 ——公立学校の企業型改革への批判と解決法	D・ラヴィッチ著 末藤美津子訳	三八〇〇円
教育による社会的正義の実現——（一九四五-一九八〇） ——アメリカの挑戦	D・ラヴィッチ著 末藤美津子訳	五六〇〇円
学校改革抗争の100年——20世紀アメリカ教育史	D・ラヴィッチ著 末藤・宮本・佐藤訳	六四〇〇円
現代学力テスト批判 ——実態調査・思想・認識論からのアプローチ	北野秋男 下司晶 小笠原喜康訳	二七〇〇円
ポストドクター——若手研究者養成の ——現状と課題	北野秋男編	三六〇〇円
日本のティーチング・アシスタント制度 ——大学教育の改善と人的資源の活用	北野秋男編著	二八〇〇円
現代アメリカの教育アセスメント行政の展開 ——マサチューセッツ州（MCASテスト）を中心に	北野秋男	四八〇〇円
アメリカ公民教育におけるサービス・ラーニング	唐木清志	四六〇〇円
【増補版】現代アメリカにおける学力形成論の展開 ——スタンダードに基づくカリキュラムの設計	石井英真	四六〇〇円
ハーバード・プロジェクト・ゼロの芸術認知理論とその実践 ——内なる知性とクリエイティビティを育むハワード・ガードナーの教育戦略	池内慈朗	六五〇〇円
アメリカにおける学校認証評価の現代的展開	浜田博文編著	二八〇〇円
アメリカにおける多文化的歴史カリキュラム	桐谷正信	三六〇〇円
現代教育制度改革への提言 上・下	日本教育制度学会編	各二八〇〇円
日本の教育をどうデザインするか	村田翼夫 上田学編著	二八〇〇円
現代日本の教育課題 ——二一世紀の方向性を探る	村田翼夫 上田学編著	二八〇〇円
バイリンガルテキスト現代日本の教育	岩槻知也他編著	三六〇〇円
人格形成概念の誕生——近代アメリカの ——教育概念史	山口満編著	三八〇〇円
社会性概念の構築——アメリカ進歩主義 ——教育の概念史	田中智志	三六〇〇円
グローバルな学びへ——協同と刷新の教育	田中智志編著	三八〇〇円
学びを支える活動へ——存在論の深みから	田中智志編著	二〇〇〇円
社会形成力育成カリキュラムの研究	西村公孝	六五〇〇円
社会科は「不確実性」で活性化する ——未来を開くコミュニケーション型授業の提案	吉永潤	二四〇〇円

東信堂

責任という原理 ―科学技術文明のための倫理学の試み(新装版) ―― H・ヨナス／加藤尚武監訳 ―― 四八〇〇円

主観性の復権 ―心身問題から『責任という原理』へ ―― H・ヨナス／宇佐美・滝口訳 ―― 二四〇〇円

ハンス・ヨナス「回想記」 ―― H・ヨナス／盛永・木下・馬渕・山本訳 ―― 四八〇〇円

生命の神聖性説批判 ―― H・クーゼ著／飯田・石川・小野谷・片桐・水野訳 ―― 四六〇〇円

生命科学とバイオセキュリティ ―デュアルユース・ジレンマとその対応 ―― 河原直人編著 ―― 二四〇〇円

医学の歴史 ―― 今井道夫監訳 ―― 四六〇〇円

安楽死法：ベネルクス3国の比較と資料 ―― 石渡隆司監訳 ―― 二七〇〇円

死の質―エンド・オブ・ライフケア世界ランキング ―― 盛永審一郎監修 ―― 一二〇〇円

バイオエシックスの展望 ―― 丸祐一・小野谷加奈恵・飯田亘之訳 ―― 三二〇〇円

生命の問い―生命倫理学と死生学の間で ―― 坂井昭宏・松浦悦子編著 ―― 二〇〇〇円

生命の淵―バイオシックスの歴史・哲学・課題 ―― 大林雅之 ―― 二〇〇〇円

今問い直す脳死と臓器移植【第2版】 ―― 大林雅之 ―― 二〇〇〇円

キリスト教から見た生命と死の医療倫理 ―― 澤田愛子 ―― 二三八一円

動物実験の生命倫理―個体倫理から分子倫理へ ―― 大上泰弘 ―― 四〇〇〇円

医療・看護倫理の要点 ―― 水野俊誠 ―― 二〇〇〇円

テクノシステム時代の人間の責任と良心 ―― H・レンク／山本・盛永訳 ―― 三五〇〇円

原子力と倫理―原子力時代の自己理解 ―― Th・リット／小笠原道雄編 ―― 一八〇〇円

科学の公的責任―科学者と私たちに問われていること ―― Th・リット／小笠原・野平編訳 ―― 一八〇〇円

歴史と責任―科学者は歴史にどう責任をとるか ―― Th・リット／小笠原・野平編訳 ―― 一八〇〇円

(ジョルダーノ・ブルーノ著作集)より

カンデライオ ―― 加藤守通訳 ―― 三五〇〇円

原因・原理・一者について ―― 加藤守通訳 ―― 三二〇〇円

傲れる野獣の追放 ―― 加藤守通訳 ―― 四八〇〇円

英雄的狂気 ―― 加藤守通訳 ―― 三六〇〇円

ロバのカバラ―ジョルダーノ・ブルーノにおける文学と哲学 ―― N・オルディネ／加藤守通監訳 ―― 三六〇〇円

〒113-0023　東京都文京区向丘1-20-6　TEL 03-3818-5521　FAX03-3818-5514　振替 00110-6-37828
Email tk203444@fsinet.or.jp　URL:http://www.toshindo-pub.com/

※定価：表示価格（本体）＋税

東信堂

オックスフォード キリスト教美術・建築事典	P＆L・マレー著　中森義宗監訳	三〇〇〇〇円
イタリア・ルネサンス事典	J・R・ヘイル編　中森義宗監訳	七八〇〇円
美術史の辞典	中森義宗・P・デューロ他編	三六〇〇円
涙と眼の文化史	徳井淑子訳	三六〇〇円
青を着る人びと——中世ヨーロッパの標章と恋愛思想	伊藤亜紀	三五〇〇円
社会表象としての服飾——近代フランスにおける異性装の研究	新實五穂	三六〇〇円
書に想い　時代を讀む	河田悌一	一八〇〇円
日本人画工　牧野義雄——平治ロンドン日記	ますこ ひろしげ	五四〇〇円
美を究め美に遊ぶ——芸術と社会のあわい	荻野厚志編著／田中佳	二八〇〇円
バロックの魅力	小穴晶子編	二六〇〇円
新版 ジャクソン・ポロック	藤枝晃雄	二六〇〇円
西洋児童美術教育の思想——ドローイングは豊かな感性と創造性を育むか？	要真理子監訳　前田茂監訳	三六〇〇円
ロジャー・フライの批評理論——知性と感受性の間で	要真理子	四二〇〇円
レオノール・フィニー——境界を侵犯する新しい種	尾形希和子	二八〇〇円

〔世界美術双書〕

バルビゾン派	井出洋一郎	二〇〇〇円
キリスト教シンボル図典	中森義宗	二三〇〇円
パルテノンとギリシア陶器	関隆志	二三〇〇円
中国の版画——唐代から清代まで	小林宏光	三二〇〇円
象徴主義——モダニズムへの警鐘	中村隆夫	三二〇〇円
中国の仏教美術——後漢代から元代まで	久野美樹	二三〇〇円
セザンヌとその時代	浅野春男	二三〇〇円
日本の南画	武田光一	二三〇〇円
画家とふるさと	小林忠	二三〇〇円
ドイツの国民記念碑——一八一三年	大原まゆみ	二三〇〇円
日本・アジア美術探索　一九一三年	永井信一	二三〇〇円
インド、チョーラ朝の美術	袋井由布子	二三〇〇円
古代ギリシアのブロンズ彫刻	羽田康一	二三〇〇円

〒113-0023　東京都文京区向丘1-20-6　　TEL 03-3818-5521　FAX03-3818-5514　振替 00110-6-37828

Email tk203444@fsinet.or.jp　URL:http://www.toshindo-pub.com/

※定価：表示価格（本体）＋税